中文版

AutoCAD 2017

实战从新手到高手

梁为民　石蔚云　编著

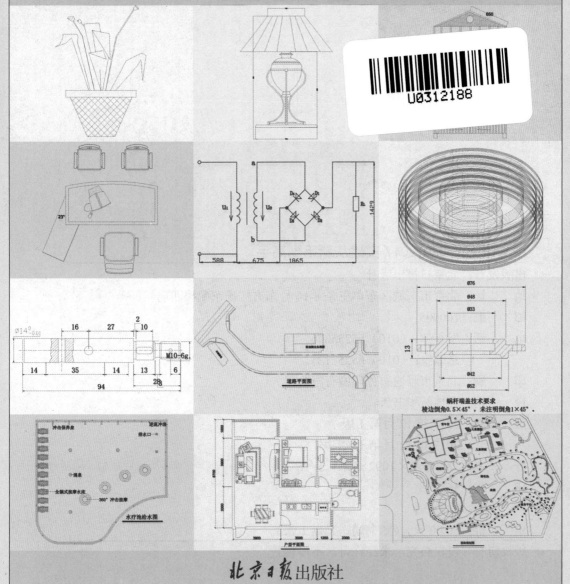

北京日报出版社

图书在版编目（CIP）数据

中文版 AutoCAD 2017 实战从新手到高手 / 梁为民，
石蔚云编著. -- 北京：北京日报出版社, 2017.12
ISBN 978-7-5477-2700-3

Ⅰ．①中… Ⅱ．①梁… ②石… Ⅲ．①AutoCAD 软件
Ⅳ．①TP391.72

中国版本图书馆 CIP 数据核字(2017)第 174922 号

中文版 AutoCAD 2017 实战从新手到高手

出版发行：北京日报出版社
地　　址：北京市东城区东单三条 8-16 号东方广场东配楼四层
邮　　编：100005
电　　话：发行部：（010）65255876
　　　　　总编室：（010）65252135
印　　刷：北京市雅迪彩色印刷有限公司
经　　销：各地新华书店
版　　次：2017 年 12 月第 1 版
　　　　　2017 年 12 月第 1 次印刷
开　　本：787 毫米×1092 毫米　1/16
印　　张：16.5
字　　数：342 千字
定　　价：50.00 元　（随书赠送光盘 1 张）

前 言

软件简介

　　AutoCAD 2017 是由美国 Autodesk 公司推出的最新款计算机辅助绘图与设计软件。在多个领域的应用非常广泛，受到各领域广大从业者的一致好评，随着软件的不断升级，本书立足于这款软件的实际操作及行业应用，完全从一个初学者的角度出发，循序渐进地讲解核心知识点，并通过大量实例演练，让读者在最短的时间内成为 AutoCAD 2017 操作高手。

主要特色

　　完备的功能查询：工具、按钮、菜单、命令、快捷键、理论、实战演练等应有尽有，内容详细、具体，是一本自学手册。

　　丰富的案例实战：本书中安排了 145 个精辟范例，对 AutoCAD 软件各功能进行了非常全面、细致的讲解，读者可以边学边用。

　　细致的操作讲解：90 个专家提醒放送，730 张图片全程图解，让读者可以掌握软件的核心与各种 AutoCAD 绘图设计技巧。

　　超值的资源赠送：360 分钟所有实例操作重现的视频，290 款与书中同步的素材和效果文件。

细节特色

90 个专家提醒放送	360 分钟语音视频演示
编者在编写时，将平时工作中总结的各方面软件的实战技巧、设计经验等毫无保留地奉献给读者，不仅大大地丰富和提高了本书的含金量，更方便读者提升软件的实战技巧与经验，从而大大提高读者学习与工作效率，学有所成。	本书中的软件操作技能实例，全部录制了带语音讲解的演示视频，时间长度达360分钟（6个小时），重现了书中所有实例的操作，读者可以结合书本，也可以独立观看视频演示，像看电影一样进行学习，让学习变成更加轻松。
145 个技能实例奉献	**290 个素材效果奉献**
本书通过大量的技能实例，来辅讲软件，共计145个，帮助读者在实战演练中逐步掌握软件的核心技能与操作技巧，与同类书相比，读者可以省去学无用理论的时间，更能掌握大量超出同类书的实用技能和案例，让学习更高效。	随书光盘包含了150个素材文件，140个效果文件。其中素材涉及各类建筑图纸、餐桌、沙发、装饰品、床、台灯、室内图、给水图、V带轮、阀管、水疗池、户型平面图、街道平面图、园林规划图等，应有尽有，供读者使用。
730 张图片全程图解	
本书采用了730张图片，对软件的技术、实例的讲解、效果的展示，进行了全程式的图解，通过这些大量清晰的图片，让实例的内容变得更通俗易懂，读者可以一目了然，快速领会，举一反三，制作出更多专业的机械模型与建筑图纸。	

本书内容

篇　章	主要内容
第 1 ~ 2 章	专业讲解了AutoCAD 2017的新增功能、启动和退出、全新工作界面、文件的基本操作、设置界面坐标系、设置绘图辅助功能、重画与重生成图形、使用平移功能、编辑视口图形和命名视图等内容。
第 3 ~ 5 章	专业讲解了创建并设置图层、设置图层显示状态、修改图层对象、设置图层的状态、创建点对象、创建线型对象、创建其他线型对象、创建曲线型对象、修改图形对象的位置、修改图形对象的形状、使用夹点编辑图形对象等内容。
第 6 ~ 7 章	专业讲解了创建面域对象、布尔运算面域、创建图案填充、编辑图案填充、创建与编辑图块、编辑与创建块属性、使用外部参照、使用AutoCAD设计中心等内容。
第 8 ~ 9 章	专业讲解了创建与设置文字样式、创建与编辑单行文字、创建与编辑多行文字、创建表格样式和表格、尺寸标注、应用标注样式、创建尺寸标注、创建其他尺寸标注、设置尺寸标注等内容。
第 10 ~ 12 章	专业讲解了创建三维坐标系、观察三维图形对象、设置与显示三维模型、创建投影样式、生成三维实体、创建三维网格对象、创建三维实体对象、实体的布尔运算、材质和贴图的使用、光源的创建与设置、三维实体的编辑与渲染、运用布局空间打印、图纸打印参数的设置、图形图纸的发布等内容。
第 13 ~ 15 章	精讲了3大案例：机械设计、室内设计、建筑设计，精心挑选素材并制作实战案例：绘制V带轮、绘制阀管、绘制水疗池给水图、绘制户型平面图、绘制道路平面图、绘制园林规划图，让读者能巧学活用，从新手快速成为AutoCAD 2017操作高手。

作者售后

　　本书由卓越编著，参与编写的人员还有王碧清等人，在此表示感谢。由于编者知识水平有限，书中难免有错误和疏漏之处，恳请广大读者批评、指正。

版权声明

　　本书及光盘中所采用的图片、模型、音频、视频和赠品等素材，均为所属公司、网站或个人所有，本书引用仅为说明（教学）之用，绝无侵权之意，特此声明。

编 者

目 录

01
Chapter

从零学AutoCAD 2017

学前提示

　　AutoCAD 2017是由美国Autodesk公司在计算机上应用CAD技术开发的绘图软件，可以帮助用户绘制二维和三维图形。在目前的计算机辅助绘图软件中，AutoCAD是使用最为广泛的。

本章教学目标

- AutoCAD 2017的新增功能
- AutoCAD 2017的启动与退出
- AutoCAD 2017的全新界面
- AutoCAD 2017的基本操作

学完本章后你会做什么

- 了解AutoCAD 2017主要新增功能及应用
- 全新感受AutoCAD 2017的新界面
- 掌握AutoCAD 2017的基本操作方式，如创建、打开、另存为等

视频演示

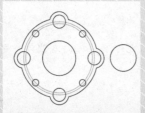
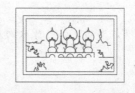

1.1 AutoCAD 2017的新增功能

AutoCAD（Auto Computer Aided Design）2017 是 Autodesk（欧特克）公司推出的一款全新版本 CAD 软件，同时支持 Windows 7、Windows 8、Windows 8.1 和 Windows 10 版本，相对以前的版本，AutoCAD 2017 的功能更加强大。

AutoCAD 2017 是欧特克公司最新推出的版本，与之前的版本最大的区别就是 AutoCAD 2017 版本不再支持 Windows XP 系统了。该软件已经成为国际上广为流行的绘图工具，主要用于二维绘图、详细绘制、设计文档和基本三维设计，现在借助 AutoCAD 可以和客户共享精准的数据，让使用者随时都能感体验到本地 DWG 格式所带来的强大优势。

使用者可以借助 AutoCAD 的演示功能、渲染功能、强大的绘图功能以及三维打印功能，更充分地表达自己的设计理念。如图 1-1 所示为三维打印技术下完整体现的设计作品。

图 1-1 三维打印技术作品体现

1.1.1 了解新增功能

AutoCAD 2017 有几项新增功能，其中一项是可以定向共享设计图。设计者可以通过转发生成的链接来共享设计图，这样就免去了发布 DWG 的步骤。文件本身支持很多浏览器的访问，对收件人浏览器不做要求，也就是说除了自带的 Autodesk A360，账户还可以使用其他支持浏览的的浏览器，例如 Chrome、Firefox 和支持 WebGL 三维图形的浏览器。AutoCAD 2017 其他两项新增功能分别是平滑移植和支持 PTF 文件，具体如下所述。

◆ AutoCAD 2017 通过自定义设置，可以为组织自动生成移植摘要报告的组和类别，更方便使用者管理。如图 1-2 所示，为"自定义用户界面"对话框。

专家提醒

AutoCAD 2017 新版本有许多功能都在原来的基础上进行了优化，方便设计者使用。

图 1-2 "自定义用户界面"对话框

◆ 使用者能够把填充、TrueType 文字以及几何图形通过 PDF 文件输入到当前图形中。PDF 数据可以来源于当前绘制的图形或者任何指定的 PDF 文件，其数据的精准受两个方面的制约，一方面是受限于 PDF 文件的数据精准度，另一方面受限于支持对象类型的精准度。如图 1-3 所示为"输入 PDF"对话框。

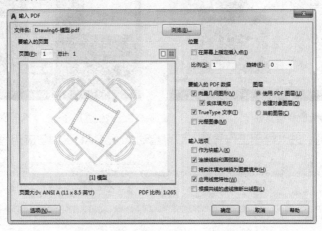

图 1-3 "输入 PDF"对话框

1.1.2 查看AutoCAD 2017的改进

AutoCAD 2017 的最新版本改进了一些功能，能够让用户体会到不一样的感受，在使用 AutoCAD 2017 时更为便捷。

◆ 在用户界面方面，AutoCAD 2017 可调整多个对话框的大小：APPLOAD、ATTEDIT、DWGPROPS、VBALOAD 、EATTEDIT、PAGESETUP、LAYERSTATE 和 INSERT。

◆ AutoCAD 2017 在系统安全问题上，有新的突破。软件操作系统 UAC 会辨别文件是否受信任，并且对受信任的文件用灰色显示，在此同时系统将会对自身进行加固，以便预防外来攻击。

◆ AutoCAD 2017 对线形的视觉效果做了调整，软件通过跳过对内含大量线段的多段线的几何图形中心（GCEN）计算，提升了使用者绘图时扑捉功能的体验。

◆ 剔除了对话框中"快速选择"和"清理"对话框中不必要的工具提示。

1.2 AutoCAD 2017的启动与退出

在使用 AutoCAD 2017 程序之前，用户首先要学会正确地启动和退出 AutoCAD 2017 程序等基本操作。

1.2.1 启动AutoCAD 2017软件

安装好 AutoCAD 2017 之后，用户若要使用软件进行工作，首先需要启动它，下面向读者简单介绍 AutoCAD 2017 的启动方法。

双击桌面上的 AutoCAD 2017 程序图标 ，弹出 AutoCAD 2017 程序启动界面，显示程序启动信息，如图 1-4 所示。程序启动后，将弹出"开始"界面，如图 1-5 所示。

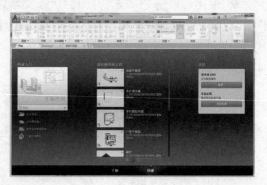

图 1-4 程序启动信息　　　　　　　　　图 1-5 "开始"对话框

单击"新建"按钮，进入绘图工作界面，即可启动 AutoCAD 2017 应用程序，如图 1-6 所示。

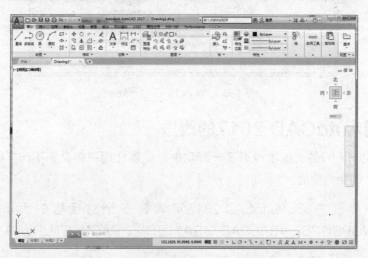

图 1-6 启动 AutoCAD 2017 应用程序

1.2.2 退出AutoCAD 2017软件

用户如果完成了工作，则需要退出 AutoCAD 2017。退出 AutoCAD 2017 与退出其他大多数应用程序一样，选择菜单栏中的"文件"→"退出"命令即可。若在工作界面中进行了部分操作，之前也未保存，在退出该软件时，会弹出信息提示框，提示保存文件。

执行退出操作的 3 种方法如下。

◆ 按钮法：单击标题栏右侧的"关闭"按钮 X 。
◆ 快捷键：按【Ctrl + Q】组合键，或按【Alt + F4】组合键 ⬛ 。
◆ 程序菜单：单击软件界面左上角中的"应用程序"按钮，在弹出的程序菜单中单击"退出 AutoCAD 2017"按钮。

1.3 AutoCAD 2017的全新界面

AutoCAD 2017 操作界面是 AutoCAD 显示、编辑图形的区域，一个完整的 AutoCAD 操作界面如图 1-7 所示，包括"应用程序"按钮、快速访问工具栏、标题栏、"功能区"选项板、绘图区、命令行、文本窗口和状态栏等。

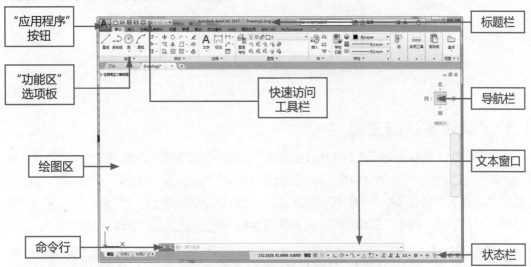

图 1-7 AutoCAD 2017 操作界面

1.3.1 了解标题栏

标题栏位于应用程序窗口最上方，用于显示当前正在运行的程序名及文件名等信息。AutoCAD 默认的图形文件，其名称为 DrawingN.dwg（N 表示数字），如图 1-8 所示。

图 1-8 标题栏

标题栏中的信息中心提供了多种信息来源。在文本框中输入需要帮助的问题，并单击"搜索"按钮，即可获取相关的帮助；单击"登录"按钮 🔒登录 ，可以登录 Autodesk Online 以访问与桌面软件集成的服务；单击"交换"按钮 ⬛ ，显示"交流"窗口，其中包含信息、帮助和下载内容，并可以访问 AutoCAD 社区；单击"帮助"按钮 ⑦▾ ，可以访问帮助，查看相关信息；单击标题栏右侧的按钮组 ⬛⬛⬛ ，可以最小化、最大化或关闭应用程序窗。

1.3.2 了解"应用程序"菜单

单击快速访问工具栏左侧的"应用程序"按钮 ，系统将弹出"应用程序"菜单，如图 1-9 所示。其中包含了 AutoCAD 的一些功能和命令。选择相应的命令，可以创建、打开、保存、打印和发布 AutoCAD 文件，将当前图形作为电子邮件附件发送，以及制作电子传送集。此外，还可以执行图形维护以及关闭图形等操作。

图 1-9 "应用程序"菜单

1.3.3 了解快速访问工具栏

AutoCAD 2017 的快速访问工具栏中包含最常用的操作快捷按钮，方便用户使用。在默认状态下，快速访问工具栏中包含 7 个快捷工具，分别为"新建"按钮 、"打开"按钮 、"保存"按钮 、"另存为"按钮 、"打印"按钮 、"放弃"按钮 和"重做"按钮 ，单击右侧的展开按钮 ，弹出"工作空间"列表框 草图与注释 ，如图 1-10 所示。

图 1-10 快速访问工具栏

1.3.4 了解界面"功能区"选项板

"功能区"选项板是一种特殊的选项板，位于绘图区的上方，是菜单和工具栏的主要替代工具，用于显示与基于任务的工作空间关联的按钮和空间。在默认状态下，在"草图与注释"工作界面中，"功能区"选项板中包含"默认""插入""注释""参数化""视图""管理""输出""附加模块""A360""精选应用""BIM 360""Performance" 12 个选项卡，每个选项卡中包含若干个面板，每个面板中又包含许多命令和按钮，如图 1-11 所示。

图 1-11 "功能区"选项板

1.3.5 了解绘图窗口

工作界面中央的空白区域称为绘图窗口，也称为绘图区，是用户进行绘制工作的区域，所有的绘图结果都反映在这个窗口中。如果图纸比例较大，需要查看未显示的部分时，用户可以单击绘图区右侧与下侧滚动条上的箭头，或者拖曳滚动条上的滑块来移动图纸。

在绘图区中除了显示当前的绘图结果外，还显示了当前使用的坐标系类型、导航面板以及坐标原点、X 轴、Y 轴、Z 轴的方向等，如图 1-12 所示。其中导航面板是一种用户界面元素，用户可以从中访问通用导航工具和特定的产品导航工具。

图 1-12 绘图区

1.3.6 了解命令行与文本窗口

命令行位于绘图窗口的下方，用于显示提示信息和输入数据，如命令、绘图模式、变量名、坐标值和角度值等，如图 1-13 所示。

图 1-13 命令行

按【F2】键，弹出 AutoCAD 文本窗口，如图 1-14 所示，其中显示了命令行窗口的所有信息。文本窗口也称专业命令窗口，用于记录在窗口中操作的所有命令，如单击按钮和选择菜单项等。在文本窗口中输入命令，按【Enter】键确认，即可执行相应的命令。

图 1-14 AutoCAD 文本窗口

1.3.7 了解界面状态栏

状态栏位于 AutoCAD 2017 窗口的最下方,用于显示当前光标状态,如 X、Y 和 Z 轴的坐标值,用户可以以图标或文字的形式查看图形工具按钮。通过捕捉工具、极轴工具、对象捕捉工具和对象追踪工具的快捷菜单,用户可以轻松地更改这些绘图工具的设置,使用户在绘图过程中操作更为快捷。如图 1-15 所示。

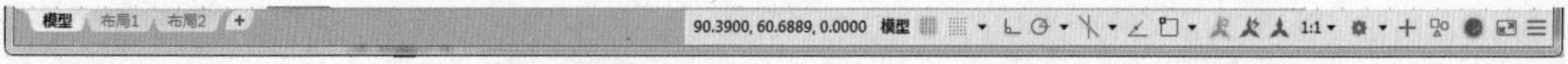

图 1-15 状态栏

1.4 AutoCAD 2017的基本操作

AutoCAD 图形文件的扩展名为 .dwg。图形文件的管理一般包括新建图形文件、打开图形文件、另存为图形文件、输出图形文件以及关闭图形文件等,本节将分别进行介绍。

1.4.1 新建文件

启动 AutoCAD 2017 之后,系统将自动新建一个名为 Drawing1.dwg 的图形文件,该图形文件默认以 acadiso.dwt 为模板,根据需要用户也可以新建图形文件,以完成相应的绘图操作。

执行创建图形文件的 5 种方法如下。

◆ 命令行:输入 NEW 或 QNEW 命令。

◆ 菜单栏:选择菜单栏中的"文件"→"新建"命令。

◆ 按钮法:单击快速访问工具栏中的"新建"按钮。

◆ 快捷键:按【Ctrl + N】组合键。

◆ 程序菜单:单击软件界面左上角中的"应用程序"按钮,在弹出的程序菜单中单击"新建"→"图形"命令。

按以上任意一种方式执行操作后,都将弹出"选择样板"对话框,如图 1-16 所示。在该对话框中,用户可以在样板列表框中选择样板文件,并在右侧的"预览"选项区中查看所选择的样板图像,单击"打开"按钮,即可将所选样板文件作为样板来新建图形文件。

图 1-16 "选择样板"对话框

专家提醒

　　样板文件是扩展名为 .dwt 的 AutoCAD 文件，通常包含一些通用设置以及一些常用的图形对象。

1.4.2 打开文件

　　在使用 AutoCAD 2017 进行图形编辑时，常需要对图形文件进行改动或再设计，这时就需要打开相应的图形文件。

　　执行打开图形文件的 5 种方法如下。

◆ 命令行：输入 OPEN 命令。

◆ 菜单栏：选择菜单栏中的"文件"→"打开"命令。

◆ 按钮法：单击快速访问工具栏中的"打开"按钮 📂。

◆ 快捷键：按【Ctrl + O】组合键。

◆ 程序菜单：单击"应用程序"按钮 🔺，在弹出的程序菜单中单击"打开"→"图形"命令。

素材文件	光盘 \ 素材 \ 第 1 章 \ 圆形拼花 .dwg
效果文件	光盘 \ 效果 \ 第 1 章 \ 无
视频文件	光盘 \ 视频 \ 第 1 章 \1.4.2 打开文件 .mp4

步骤 **01**　按【Ctrl＋O】组合键，弹出"选择文件"对话框，选择图形文件，如图1-17所示。

步骤 **02**　单击"打开"按钮，即可打开图形文件，如图1-18所示。

图 1-17　选择图形文件

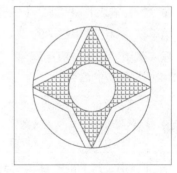

图 1-18　打开图形文件

1.4.3 另存为文件

　　如果用户需要重新将图形文件保存至磁盘中的另一位置，可以使用"另存为"命令，对图形文件进行另存操作。

　　执行另存为图形文件的 5 种方法如下。

◆ 命令行：输入 SAVEAS 命令。

◆ 菜单栏：选择菜单栏中的"文件"→"另存为"命令。

◆ 按钮法：单击快速访问工具栏中的"另存为"按钮 💾。

◆ 快捷键：按【Ctrl + Shift + S】组合键。

◆ 程序菜单：单击"应用程序"按钮 🔺，在弹出的程序菜单中单击"另存为"→"图形"命令。

	素材文件	光盘\素材\第1章\装饰画.dwg
	效果文件	光盘\效果\第1章\装饰画.dwg
	视频文件	光盘\视频\第1章\1.4.3 另存为文件.mp4

步骤 01 按【Ctrl+O】组合键，打开素材图形，如图1-19所示。

步骤 02 在命令行输入SAVEAS（另存为）命令，按【Enter】键确认，弹出"图形另存为"对话框，设置文件名及路径，如图1-20所示，单击"保存"按钮，即可另存图形文件。

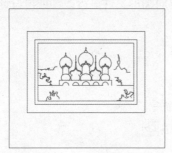

图 1-19 打开素材图形

图 1-20 设置文件名及路径

1.4.4 输出文件

用户还可以将AutoCAD文件的输出格式改为其他格式的文件，以满足在其他程序软件中编辑的需要。

执行输出图形文件的3种方法如下。

◆ 命令行：输入EXPORT（快捷命令：EXP）命令。

◆ 菜单栏：单击菜单栏中的"文件"→"输出"命令。

◆ 程序菜单：单击"应用程序"按钮 ，在弹出的程序菜单中单击"输出"命令，在弹出的子菜单中选择相应的命令。

	素材文件	光盘\素材\第1章\法兰盘.dwg
	效果文件	光盘\效果\第1章\法兰盘.dwf
	视频文件	光盘\视频\第1章\1.4.4 输出文件.mp4

步骤 01 按【Ctrl+O】组合键，打开素材图形，如图1-21所示，在命令行中输入EXPORT（输出）命令，按【Enter】键确认。

步骤 02 弹出"输出数据"对话框，设置文件名和保存路径，如图1-22所示，单击"保存"按钮，即可输出图形文件。

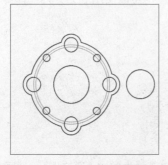

图 1-21 打开素材图形图

图 1-22 "输出数据"对话框

1.4.5 关闭文件

当完成对图形文件的编辑之后，如果用户只是想关闭当前打开的文件，而不退出 AutoCAD 程序，可以根据相应的操作，关闭当前的图形文件。

执行关闭图形文件的 3 种方法如下。

◆ 命令行：输入 CLOSE 命令。

◆ 菜单栏：选择菜单栏中的"文件"→"关闭"命令。

◆ 程序菜单：单击"应用程序"按钮 ，在弹出的程序菜单中单击"关闭"→"当前图形"命令。

02
Chapter

绘图软件显示设置

学前提示

在进行绘图之前，用户首先应确定绘图环境参数，才能精确定位图形对象。在AutoCAD 2017中，设置绘图环境包括设置坐标系、设置绘图辅助功能、重画和重生图形等。

本章教学目标

- 设置界面坐标系
- 设置绘图辅助功能
- 重画与重生成图形
- 使用平移功能
- 编辑视口图形和命名视图

学完本章后你会做什么

- 掌握界面坐标系的设置，如设置默认坐标、自定义坐标系等
- 掌握绘图辅助功能的设置，如设置正交模式、启用捕捉功能等。
- 掌握图形的重画与重生，如使用"重画"命令与"重生成"命令等。

视频演示

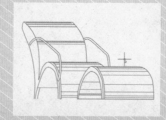

2.1 设置界面坐标系

在绘图过程中，常常需要使用某个坐标系作为参照，来精确定位某个对象。AutoCAD 提供的坐标系可以精确地设计并绘制图形。

2.1.1 默认坐标系

AutoCAD 2017 默认坐标系是世界坐标系（World Coordinate System，WCS），是在系统运行时自动建立的，其原点位置和坐标轴方向固定的一种整体坐标系。WCS 包括 X 轴和 Y 轴（在 3D 空间中，还有 Z 轴），其坐标轴的交汇处有一个"□"字形标记，如图 2-1 所示。世界坐标系中所有的位置都是相对于坐标原点计算的，而且规定 X 轴正方向及 Y 轴正方向为正方向。

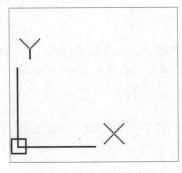

图 2-1 世界坐标系

2.1.2 自定义坐标系

在 AutoCAD 中，用户坐标系（UCS）是一种可移动的自定义坐标系，用户不仅可以更改该坐标的位置，还可以改变其方向，在绘制三维对象时非常有用。

改变用户坐标系方向的 3 种方法如下。

◆ 命令行：输入 UCS 命令。
◆ 菜单栏：选择菜单栏中的"工具"→"新建 UCS"→"原点"命令。
◆ 按钮法：切换至"视图"选项卡，单击"视口工具"面板中的 UCS 按钮 ⌐。

	素材文件	光盘\素材\第 2 章\圆形拼花 .dwg
	效果文件	光盘\效果\第 2 章\圆形拼花 .dwg
	视频文件	光盘\视频\第 2 章\2.1.2 自定义坐标系 .mp4

步骤01 按【Ctrl+O】组合键，打开素材图形，如图2-2所示。

步骤02 在命令行中输入UCS命令，按【Enter】键确认，在命令行提示下，输入UCS原点坐标（320,221）。

步骤03 连续按两次【Enter】键确认，即可创建用户坐标系，效果如图2-3所示。

> **专家提醒**
>
> 为了能够更好地辅助绘图，经常需要修改坐标系的原点和方向，这时世界坐标系将变为用户坐标系（UCS）。

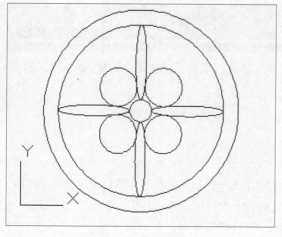

图 2-2 素材图形

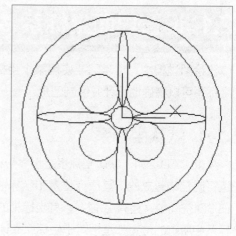

图 2-3 创建用户坐标系

执行"坐标系"命令，命令行提示如下。

指定 UCS 的原点或 [面 (F)/ 命名 (NA)/ 对象 (OB)/ 上一个 (P)/ 视图 (V)/ 世界 (W)/X/Y/Z/Z 轴 (ZA)]< 世界 >：（使用一点、两点或三点定义新的 UCS，或输入选项以确定坐标系的类型）

命令行中各选项含义如下。

◆ 原点: 通过移动当前UCS的原点，保持其X、Y和Z轴的方向不变，从而定义新坐标系原点，并可以在任何高度建立坐标系。

◆ 面（F）：将 UCS 与实体选定面对齐。

◆ 命名（NA）：保存或恢复命名 UCS 定义。

◆ 对象（OB）：根据选择对象创建 UCS。

◆ 上一个（P）：退回到上一个坐标系，最多可以返回至前 10 个坐标系。

◆ 视图（V）：使新坐标系的 XY 平面与当前视图的方向垂直，Z 轴与 XY 平面垂直，而原点保持不变。

◆ 世界（W）：将当前坐标系设置为 WCS 世界坐标系。

◆ X/Y/Z：将坐标系分别绕 X、Y、Z 轴旋转一定的角度生成新的坐标系，可以指定两个点或输入一个角度值来确定所需角度。

◆ Z 轴（ZA）：在不改变原坐标系 Z 轴方向的前提下，通过确定新坐标系原点和 Z 轴正方向上的任意一点来新建 UCS。

2.1.3 绝对坐标与相对坐标

绝对坐标是以原点（0,0）或（0,0,0）为基点定位所有的点。AutoCAD 默认的坐标原点位于绘图区左下角。在绝对坐标系中，X 轴、Y 轴和 Z 轴在原点（0,0,0）处相交。绘图区中的任意一点都可以使用（X、Y、Z）来表示，也可以通过输入 X、Y、Z 坐标值（中间用逗号隔开）来定义点的位置。可使用分数、小数或科学计算法等形式表示点的 X、Y、Z 坐标值，如（15,20）、（108,30,12）等。

相对坐标是一点相对于另一特定点的位置。用户可使用（@X,Y）方式输入相对坐标。一般情况下，绘图中常常把上一操作点看作是特定点，后续绘图都是相对于上一操作点进行的。

2.1.4 坐标系显示控制

在 AutoCAD 2017 中，使用"坐标系图标"命令，可以控制坐标系图标的可见性。

控制坐标系图标可见性的 3 种方法如下。

◆ 命令行：输入 UCSICON 命令。

◆ 菜单栏：选择菜单栏中的"工具"→"命名 UCS"命令，弹出"UCS"对话框，选择"设置"选项卡，在其中控制坐标系的显示。

◆ 按钮法：切换至"视图"选项卡，单击"视口工具"面板中的"UCS 图标"按钮 ⌞。

	素材文件	光盘 \ 素材 \ 第 2 章 \ 雕花案台 .dwg
	效果文件	光盘 \ 效果 \ 第 2 章 \ 雕花案台 .dwg
	视频文件	光盘 \ 视频 \ 第 2 章 \2.1.4 坐标系显示控制 .mp4

步骤 01 按【Ctrl＋O】组合键，打开素材图形，如图2-4所示。

步骤 02 在命令行中输入UCSICON（坐标系图标）命令，按【Enter】键确认；根据命令行提示，输入OFF（关）选项，并确认，即可控制坐标系图标的显示，如图2-5所示。

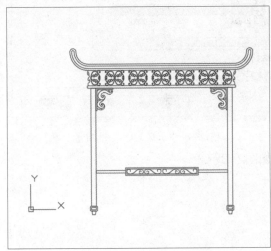

图 2-4 素材图形

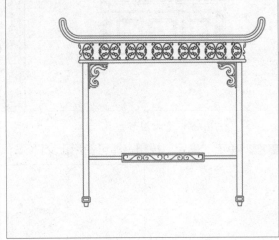

图 2-5 控制坐标系的显示

执行"坐标系图标"命令后，命令行提示如下。

输入选项 [开 (ON)/ 关 (OFF)/ 全部 (A)/ 非原点 (N)/ 原点 (OR)/ 可选 (S)/ 特性 (P)]< 开 >：

命令行中各选项含义如下。

◆ 开（ON）：在当前视口打开 UCS 图标。

◆ 关（OFF）：在当前视口中关闭 UCS 图标。

◆ 全部（A）：把当前 UCSICON 命令所做设置应用到所有视口中，并重复命令提示。

◆ 非原点（N）：在视口的左下角显示 UCS 图标，而不管当前坐标是否是原点。

◆ 原点（OR）：在当前坐标系的原点处显示 UCS 图标，选择该选项可以在左下角显示 UCS 图标。

◆ 可选（S）：控制 UCS 图标是否可选并且可以通过夹点操作。

◆ 特性（P）：选择该选项，将弹出"UCS 图标"对话框。

2.1.5 正交UCS的使用

在 AutoCAD 2017 中，用户可以根据需要设置正交 UCS。

素材文件	光盘\素材\第2章\垫片.dwg	
效果文件	光盘\效果\第2章\垫片.dwg	
视频文件	光盘\视频\第2章\2.1.5 正交 UCS 的使用.mp4	

步骤01 按【Ctrl+O】组合键，打开素材图形，如图2-6所示。

步骤02 输入UCSMAN（坐标系设置）命令，按【Enter】键确认，将弹出UCS对话框，切换至"正交UCS"选项卡，选择Left（左视）选项，单击"置为当前"按钮，如图2-7所示。

图 2-6 素材图形

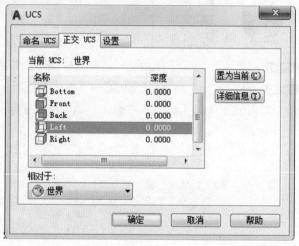

图 2-7 "正交 UCS"选项卡

步骤03 单击"确定"按钮，即可使用正交UCS，如图2-8示。

图 2-8 使用正交 UCS

专家提醒

　　在默认情况下，正交 UCS 设置相对于世界坐标系（WCS）的原点和方向确定当前 UCS 的方向。

2.2 设置绘图辅助功能

在绘制图形时，用鼠标定位虽然方便，但精度不高，绘制的图形也不够精确，不能满足工程制图的要求。为了解决该问题，AutoCAD 提供了辅助绘图工具，用于帮助用户精确绘图。

2.2.1 使用正交模式

正交功能是将十字光标限制在水平或垂直方向上，此时用户只能进行水平或垂直方向的操作。

使用正交模式的 3 种方法如下。

◆ 命令行：输入 ORTHO 命令。

◆ 按钮法：单击状态栏中的"正交模式"按钮。

◆ 快捷键：按【F8】键。

	素材文件	光盘 \ 素材 \ 第 2 章 \ 洗菜盆 .dwg
	效果文件	光盘 \ 效果 \ 第 2 章 \ 洗菜盆 .dwg
	视频文件	光盘 \ 视频 \ 第 2 章 \2.2.1 使用正交模式 .mp4

步骤 01 按【Ctrl + O】组合键，打开素材图形；在命令行中输入ORTHO（正交）命令，按【Enter】键确认，在命令行提示下，输入ON（开）选项，如图2-9所示。

步骤 02 按【Enter】键确认，即可开启正交模式；单击"绘图"面板中的"直线"按钮，在命令行提示下，捕捉左上角端点，向下引导光标，如图2-10所示。

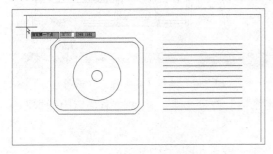

图 2-9 输入选项

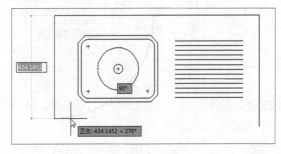

图 2-10 向下引导光标

步骤 03 根据命令行提示，输入下一点坐标470，按【Enter】键确认；向右引导光标，再输入下一点位置900，按【Enter】键确认，即可使用正交模式绘制直线，如图2-11所示。

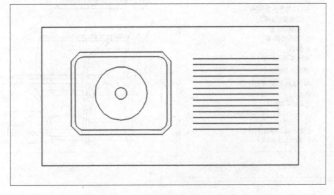

图 2-11 使用正交模式绘制直线

2.2.2 启用栅格和捕捉功能

"捕捉"用于设定鼠标光标移动的间距,"栅格"是一些标定位置的小点,可以提供直观的距离和位置参照。

执行启用捕捉和栅格的两种方法如下。

◆ 快捷键:按【F9】键,启用捕捉功能;按【F7】键,启用栅格功能。

◆ 按钮法:单击状态栏中的"捕捉模式"按钮 或"栅格显示"按钮 。

	素材文件	光盘 \ 素材 \ 第 2 章 \ 躺椅 .dwg
	效果文件	光盘 \ 效果 \ 第 2 章 \ 躺椅 .dwg
	视频文件	光盘 \ 视频 \ 第 2 章 \2.2.2 启用栅格和捕捉功能 .mp4

步骤 01 按【Ctrl+O】组合键,打开素材图形,如图2-12所示。

步骤 02 在"捕捉模式"按钮 上,单击鼠标右键,在弹出的快捷菜单中选择"捕捉设置"选项,如图2-13所示。

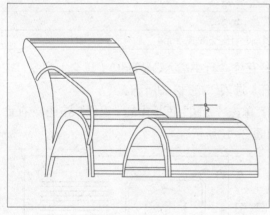

图 2-12 素材图形

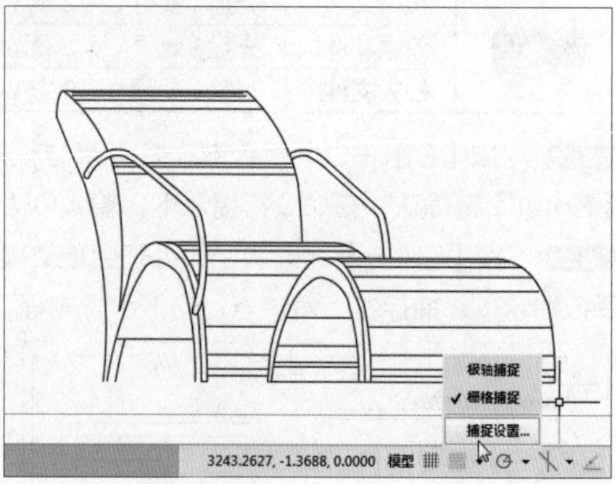

图 2-13 选择"捕捉设置"选项

步骤 03 在弹出的"草图设置"对话框的"捕捉和栅格"选项卡中,依次选中"启用捕捉"和"启用栅格"复选框,如图2-14所示。

步骤 04 单击"确定"按钮,即可启用捕捉和栅格功能,效果如图2-15所示。

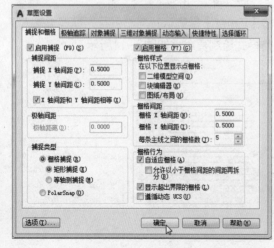

图 2-14 "草图设置"对话框

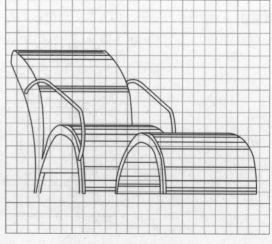

图 2-15 捕捉和栅格功能

2.2.3 对象捕捉功能的设置

对象捕捉是指将光标放在一个对象上时,系统自动捕捉到对象上所有符合条件的几何特征点,并显示相应的标记。利用对象捕捉功能,能够快速准确地绘制图形。如果绘制的图形比较复杂,将对象捕捉功能全部打开时,可能会很难捕捉到需要的特征点。

设置对象捕捉功能的 3 种方法如下。

◆ 快捷键:按【F3】键。

◆ 按钮法:单击状态栏中的"对象捕捉"按钮 🔲 。

◆ 快捷菜单:右键单击"对象捕捉"按钮 🔲 ,在弹出的快捷菜单中选择"设置"选项。

按上面的第 3 种方式执行操作后,将弹出"草图设置"对话框,如图 2-16 所示。

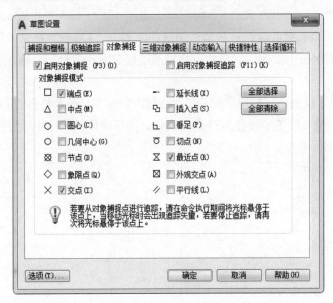

图 2-16 "草图设置"对话框

在"草图设置"对话框的"对象捕捉"选项卡中,各对象捕捉模式选项的含义如下。

◆ 端点:捕捉圆弧、椭圆弧、直线、多线、多段线线段、样条曲线、面域或射线最近端点,或捕捉宽线、实体或三维面域的最近角点。

◆ 中点:捕捉圆弧、椭圆、椭圆弧、直线、多行、多段线线段、面域、实体、样条曲线或参照线的中点。

◆ 圆心:捕捉圆弧、圆或椭圆弧中心。

◆ 节点:捕捉点对象、标注定义点或标注文字原点。

◆ 象限点:捕捉圆弧、圆、椭圆或椭圆弧的象限点。

◆ 交点:捕捉到圆弧、圆、椭圆、椭圆弧、直线、多行、多段线、射线、面域、样条曲线或参照线的交点。"延伸交点"不能使用对象捕捉模式。

◆ 插入点:捕捉属性、块或文字插入点。

◆ 垂足:捕捉圆、圆弧、椭圆、椭圆弧、直线、多线、多段线、射线、面域、实体、样条曲线或构造线的垂足。

◆ 切点:捕捉圆、圆弧、椭圆、椭圆弧或样条曲线的切点。

◆ 最近点：捕捉圆、圆弧、椭圆、椭圆弧、直线、多线、点、多段线、射线、样条曲线或参照线的最近点。

◆ 外观交点：捕捉不在同一平面但在当前视图中看起来可能相交的两个对象交点。

◆ 平行线：将直线段、多段线线段、射线或构造线限制为与其他线性对象平行。

2.2.4 使用"捕捉自"功能

在 AutoCAD 2017 中，使用"捕捉自"命令（FROM），可以使用追踪，通过在水平和竖直方向上偏移一系列临时点来指定一点。

	素材文件	光盘\素材\第2章\灯具.dwg
	效果文件	光盘\效果\第2章\灯具.dwg
	视频文件	光盘\视频\第2章\2.2.4 使用"捕捉自"功能.mp4

步骤01 按【Ctrl+O】组合键，打开素材图形，如图2-17所示。在命令行中输入CIRCLE（圆）命令，按【Enter】键确认；在命令行提示"指定圆的圆心"，输入FROM（捕捉自）命令。

步骤02 按【Enter】键确认，捕捉中间三个同心圆的圆心点，输入偏移值（@201,114）。按【Enter】键确认，输入圆的半径值为36，并确认，即可使用捕捉自功能绘制图形，如图2-18所示。

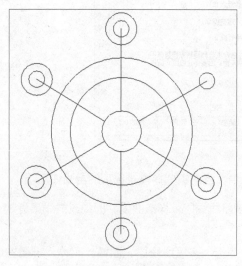

图 2-17 素材图形

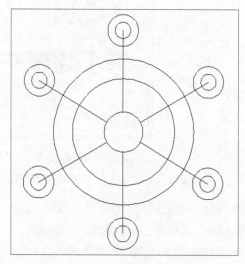

图 2-18 使用捕捉自功能绘制图形

2.2.5 使用动态输入

使用动态输入功能，可以在十字光标处显示标注输入和命令提示信息，从而极大地方便用户绘制图形文件。

1. 打开并设置指针输入

在状态栏中的"动态输入"按钮 上，单击鼠标右键，在弹出的快捷菜单中选择"设置"选项，弹出"草图设置"对话框，切换至"动态输入"选项卡，选中"启用指针输入"复选框，启用指针输入功能，如图2-19所示。

在"指针输入"选项区中，单击"设置"按钮，弹出"指针输入设置"对话框，如图2-20所示，用户可以在该对话框中设置指针的格式和可见性。

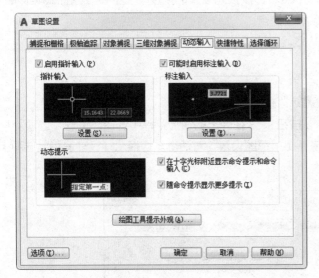

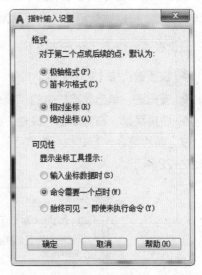

图2-19 "动态输入"选项卡　　　　图2-20 "指针输入设置"对话框

2. 打开并设置标注输入

在"草图设置"对话框的"动态输入"选项卡中，选中"可能时启用标注输入"复选框，可以启用标注输入功能。在"标注输入"选项区中，单击"设置"按钮，弹出"标注输入的设置"对话框，如图2-21所示。用户可以在该对话框中设置标注的可见性。

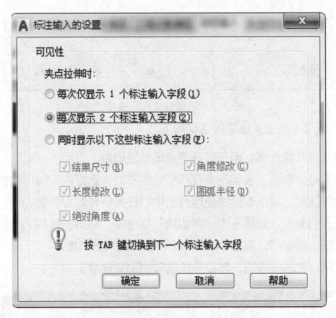

图2-21 "标注输入的设置"对话框

3. 启用动态提示

启用动态提示时，提示会显示在光标附近的工具提示中。用户可以在工具提示（而不是在命令行）中输入相应的命令。按下方向键可以查看和选择选项，按上方向键可以显示最近的输入。

2.2.6 设置极轴追踪

极轴追踪功能可以在系统要求指定一个点时，按预先设置的角度增量显示一条曲线延伸的辅助线，这时，可以沿着辅助线追踪到光标所在的点。

设置极轴追踪的3种方法如下。

◆ 快捷键：按【F10】键。
◆ 按钮法：单击状态栏中的"极轴追踪"按钮 ⌀。
◆ 快捷菜单：右键单击"极轴追踪"按钮 ⌀，在弹出的快捷菜单中选择"设置"选项。

按上面的第3种方式执行操作后，将弹出"草图设置"对话框，切换至"极轴追踪"选项卡，如图2-22所示。

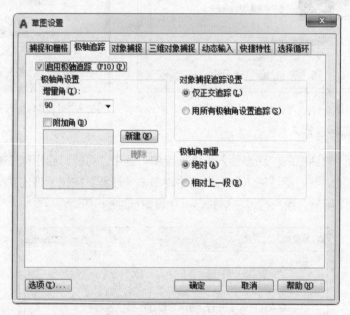

图2-22 "极轴追踪"选项卡

"极轴追踪"选项卡中各主要选项的含义如下。

◆ "启用极轴追踪"复选框：用于打开或关闭极轴追踪。
◆ "增量角"下拉列表框：设定用来显示极轴追踪对齐路径的极轴角增量。
◆ "附加角"复选框：对极轴追踪使用列表中的任何一种附加角度。
◆ "角度列表"列表框：如果选中"附加角"复选框，将列出可用的附加角度。
◆ "新建"按钮：最多可以添加10个附加极轴追踪对齐角度。
◆ "删除"按钮：单击该按钮，可以删除选定的附加角度。

2.3 重画与重生成图形

在绘制与编辑图形的过程中，屏幕上经常会留下对象的选取标记，而这些标记并不是图形中的对象，此时当前的图形会变得很混乱，因此需要用到重画和重生成功能来清除这些标记。重画和重生成功能可以更新屏幕和重生成屏幕显示，使屏幕清晰明了，方便绘图。

2.3.1 使用"重画"命令

使用"重画"命令,系统将显示内存中更新后的屏幕显示,不仅可以清除临时标记,还可以更新用户的当前视口。

执行操作的两种方法如下。

◆ 命令行:输入 REDRAW 命令。
◆ 菜单栏:选择菜单栏中的"视图"→"重画"命令。

2.3.2 使用"重生成"命令

使用"重生成"命令,可以重生成屏幕显示,此时系统将从磁盘调用当前图形的数据,它比"重画"命令使用速度慢,因为重生成屏幕显示的时间要比更新屏幕显示的时间长。

重生成图形的两种方法如下。

◆ 命令行:输入 REGEN 命令。
◆ 菜单栏:选择菜单栏中的"视图"→"重生成"命令。

	素材文件	光盘 \ 素材 \ 第 2 章 \ 沙发床 .dwg
	效果文件	光盘 \ 效果 \ 第 2 章 \ 沙发床 .dwg
	视频文件	光盘 \ 视频 \ 第 2 章 \2.3.2 使用"重生成"命令 .mp4

步骤 01 按【Ctrl + O】组合键,打开素材图形,如图2-23所示。

步骤 02 在命令行中输入OPTIONS(选项)命令,按【Enter】键确认,弹出"选项"对话框,在"显示"选项卡的"显示性能"选项区中,取消选中"应用实体填充"复选框,如图2-24所示,单击"确定"按钮,关闭对话框。

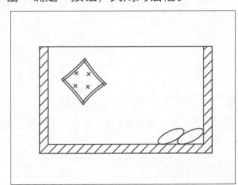

图 2-23 素材图形

图 2-24 "选项"对话框

如果一直使用某个命令编辑图形,而该图形似乎没有发生什么变化,此时,可以使用"重生成"命令重生成屏幕显示。

> **专家提醒**
>
> 如果一直使用某个命令编辑图形,而该图形似乎没有发生什么变化,此时,可以使用"重生成"命令重生成屏幕显示。

步骤 03 在命令行中输入REGEN(重生成)命令,按【Enter】键确认,即可重生成图形,效果如图2-25所示。

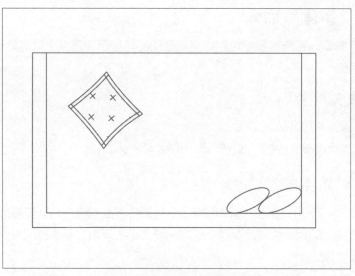

图 2-25 重生成图形

2.4 使用平移功能

使用平移视图功能，可以重新定位图形，以便浏览或绘制图形的其他部分。此时不会改变图形中对象的位置和比例，而只改变视图在操作区域中的位置。

2.4.1 平移素材图形

在平移工具中，"实时平移"工具使用的频率最高，通过使用该工具可以拖动十字光标来移动视图在当前窗口中的位置。

实时平移图形的 4 种方法如下。

◆ 命令行：输入 PAN 命令。
◆ 菜单栏：选择菜单栏中的"视图"→"平移"→"实时"命令。
◆ 按钮法：切换至"视图"选项卡，单击"导航栏"显示面板中的"平移"按钮 ▧ 平移 。
◆ 导航面板：单击导航面板中的"平移"按钮 ▧ 。

	素材文件	光盘 \ 素材 \ 第 2 章 \ 健身器材 .dwg
	效果文件	光盘 \ 效果 \ 第 2 章 \ 健身器材 .dwg
	视频文件	光盘 \ 视频 \ 第 2 章 \2.4.1 平移素材图形 .mp4

步骤 01 按【Ctrl + O】组合键，打开素材图形，如图2-26所示。

步骤 02 在命令行中输入PAN（移动）命令，按【Enter】键确认，此时鼠标的指针呈小手形状 ✍ ，即可移动图形，单击鼠标左键并向右下方拖曳鼠标至合适的位置，即可实时平移健身器材素材的视图显示如图2-27所示。

> **专家提醒**
>
> 在 AutoCAD 2017 中，平移功能通常又称为摇镜，相当于将一个镜头对准视图，当镜头移动时，视口中的图形也跟着移动。

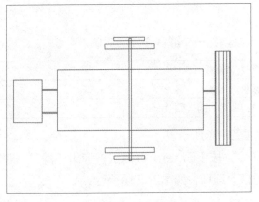

图 2-26 素材图形

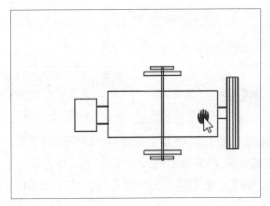

图 2-27 输入"平移"命令

2.4.2 定点平移素材图形

使用"定点平移"命令，可以通过指定基点和位移值来平移视图。视图的移动方向和十字光标的偏移方向一致，在使用平移命令时，视图的显示比例不变。

定点平移图形的两种方法如下。

◆ 命令行：输入 –PAN 命令。
◆ 菜单栏：选择菜单栏中的"视图"→"平移"→"点"命令。

素材文件	光盘 \ 素材 \ 第 2 章 \ 方桌 .dwg	
效果文件	光盘 \ 效果 \ 第 2 章 \ 方桌 .dwg	
视频文件	光盘 \ 视频 \ 第 2 章 \2.4.2 定点平移素材图形 .mp4	

步骤 01 按【Ctrl＋O】组合键，打开素材图形，如图2-28所示。

步骤 02 在命令行中输入-PAN（定点）命令，按【Enter】键确认；在命令行提示下，输入基点坐标为（0,0），按【Enter】键确认，再输入第二点坐标为（600,600），按【Enter】键确认，即可定点平移图形对象，效果如图2-29所示。

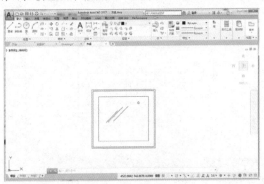

图 2-28 素材图形

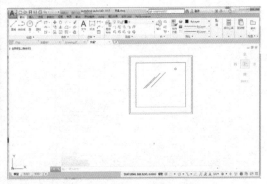

图 2-29 定点平移视图

2.5 编辑视口图形和命名视图

视口是把绘图区分为多个矩形方框，从而创建多个不同的绘图区域。在 AutoCAD 2017 中，一般把绘图区称为视口，而把绘图区中的显示内容称为视图。

2.5.1 创建平铺视口

在 AutoCAD 2017 中，使用"视口"命令，可以创建一个或多个视口对象。

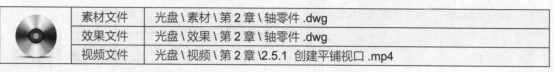

	素材文件	光盘 \ 素材 \ 第 2 章 \ 轴零件 .dwg
	效果文件	光盘 \ 效果 \ 第 2 章 \ 轴零件 .dwg
	视频文件	光盘 \ 视频 \ 第 2 章 \2.5.1 创建平铺视口 .mp4

步骤 01 按【Ctrl＋O】组合键，打开素材图形，如图2-30所示。

步骤 02 在命令行中输入VPORTS（命名视口）命令，按【Enter】键确认，弹出"视口"对话框，设置"新名称"为"垂直"，选择"两个：垂直"选项，如图2-31所示。

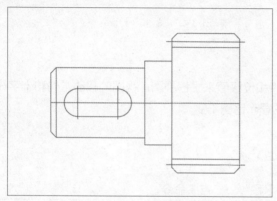

图 2-30 素材图形　　　　　　　　图 2-31 "视口"对话框

步骤 03 单击"确定"按钮，即可创建平铺视口，如图2-32所示。

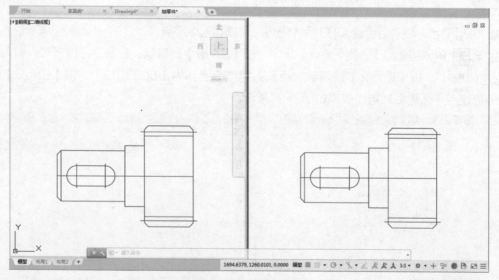

图 2-32 创建平铺视口

专家提醒

创建平铺视口的 3 种方法如下。

● 命令行：输入 VPORTS 命令。

● 菜单栏：选择菜单栏中的"视图"→"视口"→"命名视口"命令。

● 按钮法：切换至"视图"选项卡，单击"视口"面板中的"命名"按钮。

"视口"对话框中各选项的含义如下。

◆ "新名称"文本框：为新模型空间视口配置指定名称。

◆ "标准视口"列表框：列出并设定标准视口配置。

◆ "预览"选项区：显示选定视口配置的预览图像，以及在配置中被分配到每个单独视口的缺省视图。

◆ "应用于"下拉列表框：该下拉列表框确定将模型空间视口配置应用到整个显示窗口或当前视口。

◆ "设置"下拉列表框：确定是进行二维视图设置还是三维视图设置。

◆ "修改视图"下拉列表框：选择视图替换选定视口中的视图。

◆ "视觉样式"下拉列表框：选择将各个视口中的视图以何种样式进行显示。

专家提醒

可以同时打开32000个可视视口，同时，屏幕上还可保留工具栏和命令提示窗口。

2.5.2 合并平铺视口

在 AutoCAD 2017 中，使用"合并视口"命令，可以将其中一个视口合并到当前视口中。

	素材文件	光盘\素材\第2章\台灯 .dwg
	效果文件	光盘\效果\第2章\台灯 .dwg
	视频文件	光盘\视频\第2章\2.5.2 合并平铺视口 .mp4

步骤 **01** 按【Ctrl＋O】组合键，打开素材图形，如图2-33所示。

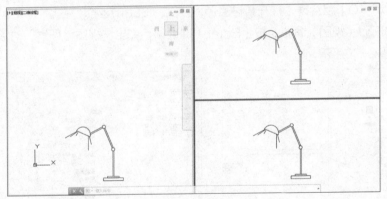

图 2-33 素材图形

专家提醒

合并平铺视口的3种方法如下。

● 命令行：输入 –VPORTS 命令。

● 菜单栏：选择菜单栏中的"视图"→"视口"→"合并"命令。

● 按钮法：切换至"视图"选项卡，单击"视口"面板中的"合并视口"按钮。

步骤 **02** 在命令行中输入–VPORTS（合并视口）命令，按【Enter】键确认；根据命令行提示输入J（合并）选项，按【Enter】键确认。在绘图区中选择右侧的两个视口，即可合并视口对象，如图2-34所示。

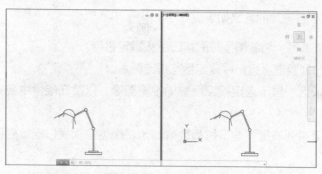

图 2-34 合并平铺视口

2.5.3 命名视图对象

使用"命名视图"命令可以为绘图区中的任意视图指定名称，并在以后的操作过程中将其恢复。用户在创建命名视图时，可以设置视图的中点、位置、缩放比例、透视设置等。

创建命名视图的 3 种方法如下。

◆ 命令行：输入 VIEW 命令。

◆ 菜单栏：选择菜单栏中的"视图"→"命名视图"命令。

◆ 按钮法：切换至"视图"选项卡，单击"视图"面板中的"视图管理器"按钮 🔲。

素材文件	光盘 \ 素材 \ 第 2 章 \ 旋具 .dwg
效果文件	光盘 \ 效果 \ 第 2 章 \ 旋具 .dwg
视频文件	光盘 \ 视频 \ 第 2 章 \2.5.3 命名视图对象 .mp4

步骤 01 按【Ctrl+O】组合键，打开素材图形，如图2-35所示。

步骤 02 输入VIEW（视图）命令，按【Enter】键确认，弹出"视图管理器"对话框，单击"新建"按钮，如图2-36所示。

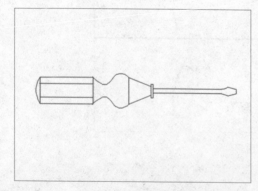

图 2-35 素材图形

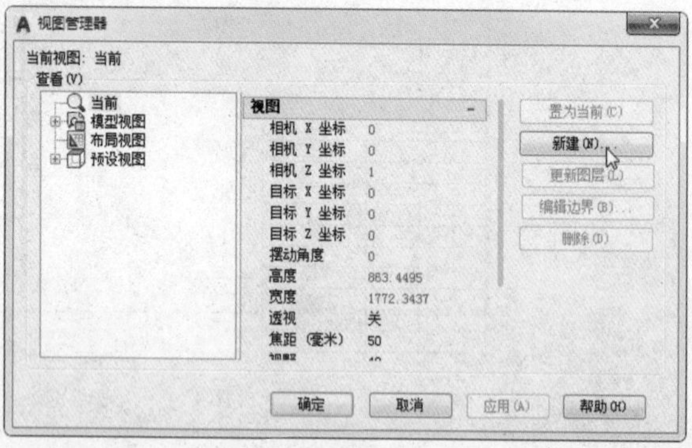

图 2-36 单击"新建"按钮

"视图管理器"对话框中各主要选项的含义如下。

◆ "视图"下拉列表框：在该下拉列表框中，可以显示可用视图的列表。可以展开每个节点以显示该节点的视图。

◆ "当前"选项：选择该选项，可以显示当前视图及其"查看"和"剪裁"特性。

◆ "模型视图"选项：选择该选项可以显示命名视图和相机视图列表，并列出选定视图的"基本"、"查看"和"剪裁"特性。

◆ "布局视图"选项：选择该选项，可以在定义视图的布局上显示视口列表，并列出选定视图的"基本"和"查看"特性。

◆ "预设视图"选项：选择该选项，可以显示正交视图和等轴测视图列表，并列出选定视图的"基本"特性。

步骤 03 弹出"新建视图/快照特性"对话框，在"视图名称"文本框中输入"模型"，其他选项保持默认设置，如图2-37所示，依次单击"确定"按钮，即可创建命名视图。

图 2-37 "新建视图/快照特性"对话框

2.5.4 恢复视图命名

在 AutoCAD 中，可以一次性命名多个视图。当需要重新使用一个已命名视图时，只需将该视图恢复到当前视口即可。如果绘图区中包含多个视口，也可以将视图恢复到活动视口中，或将不同的视图恢复到不同的视口中，以同时显示模型的多个视图。

素材文件	光盘\素材\第2章\浴缸.dwg
效果文件	光盘\效果\第2章\浴缸.dwg
视频文件	光盘\视频\第2章\2.5.4 恢复视图命名.mp4

步骤 01 按【Ctrl+O】组合键，打开素材图形，如图2-38所示。

步骤 02 在命令行中输入VIEW（视图）命令，按【Enter】键确认，弹出"视图管理器"对话框，如图2-39所示。

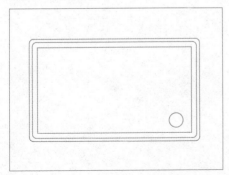

图 2-38 素材图像

图 2-39 "视图管理器"对话框

步骤 03 单击"预设视图"选项前的"＋"号按钮，展开列表框，选择合适的选项，如图2-40所示。

步骤 04 依次单击"置为当前"和"确定"按钮，即可恢复命名视图，如图2-41所示。

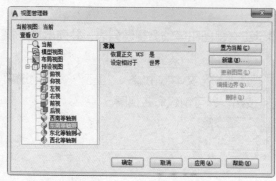

图 2-40 选择合适选项

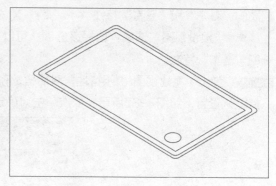

图 2-41 恢复命名视图

03
Chapter

创建与修改图层对象

学前提示

  图层是AutoCAD 2017中提供的强大功能之一，利用图层可以方便地对图形进行管理。使用图层主要有两个好处：一是便于统一管理图形；二是可以通过隐藏、冻结图层等操作隐藏或冻结相应图层上的图形对象，从而为图形的绘制提供方便。

本章教学目标

- 创建并设置图层
- 设置图层显示状态
- 修改图层对象
- 设置图层的状态

学完本章后你会做什么

- 掌握设置图层的操作，如设置图层颜色、线型、线宽等
- 掌握图层显示状态的操作，如显示、冻结、解锁图层等
- 掌握修改图层对象的操作，如删除图层、转换图层、过滤图层等

视 频 演 示

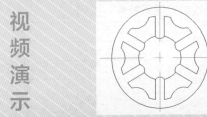
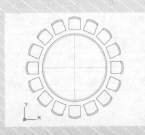
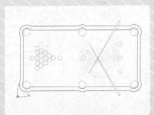

3.1 创建并设置图层

图层是大多数图形图像处理软件的基本组成元素。在 AutoCAD 2017 中，增强的图层管理功能可以帮助用户有效地管理大量的图层。新的图层特性不仅占用空间小，而且还提供了更强大的功能。

3.1.1 图层的概念

图层是计算机辅助制图快速发展的产物，在许多平面绘图软件及网页软件中都有运用。图层是用户组织和管理图形的强有力的工具，每个图层就像一张透明的玻璃纸，而每张纸上面的图形可以进行叠加。

在 AutoCAD 2017 中，使用图层可以管理和控制复杂的图形。在绘图时，可以把不同种类和用途的图形分别置于不同的图层中，从而实现对相同种类图形的统一管理。

在 AutoCAD 2017 中的绘图过程中，图层是最基本的操作，也是最有用的工具之一，对图形文件中各类实体的分类管理和综合控制具有重要的意义。总的来说，图层具有以下 3 方面的优点。

◆ 节省存储空间。
◆ 控制图形的颜色、线条的宽度及线型等属性。
◆ 统一控制同类图形实体的显示、冻结等特性。

在 AutoCAD 2017 中，可以创建无限个图层，也可以根据需要，在创建的图层中设置每个图层相应的名称、线型、颜色等。熟练地使用图层，可以提高图形的清晰度和绘制效率，在复杂的工程制图中显得尤为重要。

在 AutoCAD 中将当前正在使用的图层称为当前图层，用户只能在当前图层中创建新图形。当前图层的名称、线型、颜色、状态等信息都显示在"图层"面板中。

3.1.2 创建与命名图层

开始绘制新图层时，AutoCAD 会自动创建一个名称为 0 的特殊图层。默认情况下，图层将被指定使用 7 号颜色（为白色或黑色，由背景颜色决定，本书背景颜色为白色，则图层颜色为黑色）、Continuous 线型、"默认"线宽及 Normal 打印样式，用户不能删除或重命名该图层。在绘图过程中，如果用户要使用更多的图层来组织图层，就需要先创建新图层，并根据需要对新创建的图层进行命名。

创建与命名图层的 4 种方法如下。

◆ 命令行：输入 LAYER（快捷命令：LA）命令。
◆ 菜单栏：选择菜单栏中的"格式"→"图层"命令。
◆ 按钮法 1：切换至"默认"选项卡，单击"图层"面板中的"图层特性"按钮 🖳。
◆ 按钮法 2：切换至"视图"选项卡，单击"选项板"面板中的"图层特性"按钮 🖳。

	素材文件	光盘 \ 素材 \ 第 3 章 \ 户型结构 .dwg
	效果文件	光盘 \ 效果 \ 第 3 章 \ 户型结构 .dwg
	视频文件	光盘 \ 视频 \ 第 3 章 \3.1.2 创建与命名图层 .mp4

步骤 01 按【Ctrl+O】组合键，打开素材图形，如图3-1所示。

步骤 02 在"功能区"选项板的"默认"选项卡中，单击"图层"面板中的"图层特性"按钮，如图3-2所示。

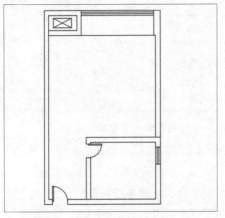

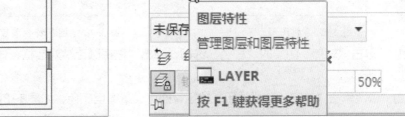

图 3-1 素材图形　　　　　　　　　　图 3-2 单击"图层特性"按钮

步骤 03 弹出"图层特性管理器"面板，单击"新建图层"按钮，新建一个图层，并输入图层名称为"墙体"，如图3-3所示。

步骤 04 按【Enter】键确认，即可创建并命名图层对象，如图3-4所示。

图 3-3 输入图层名称　　　　　　　　　图 3-4 创建并命名图层

> **专家提醒**
>
> 图层是用户组织和管理图形对象的一个有力工具，所有图形对象都具有图层、颜色、线型和线宽这四个基本属性。

3.1.3 设置图层颜色

图层的颜色很重要，使用颜色能够直观地标识对象，这样便于区分图形的不同部分。在同一图形中，可以为不同的对象设置不同的颜色。

素材文件	光盘 \ 素材 \ 第 3 章 \ 圆床 .dwg
效果文件	光盘 \ 效果 \ 第 3 章 \ 圆床 .dwg
视频文件	光盘 \ 视频 \ 第 3 章 \3.1.3 设置图层颜色 .mp4

步骤 01 按【Ctrl+O】组合键，打开素材图形，如图3-5所示。

步骤 02 在"功能区"选项板的"默认"选项卡中，单击"图层"面板中的"图层特性"按钮，弹出"图层特性管理器"面板，如图3-6所示。

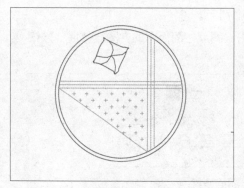
图 3-5 素材图形

图 3-6 "图层特性管理器"面板

步骤 03 单击"轮廓"图层的"颜色"选项，弹出"选择颜色"对话框，选择颜色为"青色"，如图3-7所示。

步骤 04 依次单击"确定"和"关闭"按钮，即可设置图层颜色，如图3-8所示。

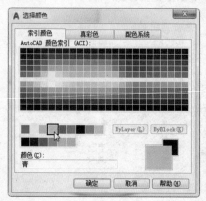
图 3-7 选择青色

图 3-8 设置图层颜色

专家提醒

除了运用上述方法设置图层颜色外，用户还可以打开"功能区"选项板的"常用"选项卡，在"特性"面板的"对象颜色"下拉列表框中选择合适的颜色选项。

3.1.4 设置图层线型

线型是由沿图线显示的线、点和间隔组成的图样。在图层中设置线型，可以更直观地区分图像，使图形易于查看。

	素材文件	光盘\素材\第3章\间歇轮.dwg
	效果文件	光盘\效果\第3章\间歇轮.dwg
	视频文件	光盘\视频\第3章\3.1.4 设置图层线型.mp4

步骤 01 按【Ctrl+O】组合键，打开素材图形，如图3-9所示。

步骤 02 在"功能区"选项板的"默认"选项卡中，单击"图层"面板中的"图层特性"按钮，弹出"图层特性管理器"面板，单击"中心线"图层的"线型"选项，如图3-10所示。

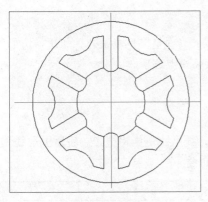

图 3-9 素材图形

图 3-10 单击"线型"选项

步骤 03 弹出"选择线型"对话框，单击"加载"按钮，如图3-11所示。

步骤 04 弹出"加载或重载线型"对话框，选择CENTER选项，如图3-12所示。

图 3-11 "选择线型"对话框

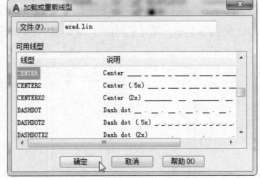

图 3-12 选择 CENTER 选项

步骤 05 单击"确定"按钮，返回"选择线型"对话框，选择CENTER选项，依次单击"确定"和"关闭"按钮，即可设置图层线型，效果如图3-13所示。

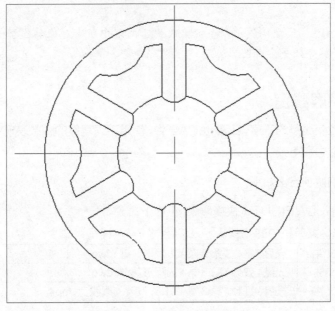

图 3-13 设置图层线型

除了运用上述方法设置图层线型外，用户还可以打开"功能区"选项板的"默认"选项卡，在"特性"面板的"线型"下拉列表框中选择合适的线型选项。

3.1.5 设置图层线型比例

由于线型受图形尺寸的影响，因此当图形的尺寸不同时，线型比例也将更改。设置图层线型比例的方法：在命令行输入 LTSCALE（快捷命令：LTS）命令。

	素材文件	光盘\素材\第 3 章\冰箱 .dwg
	效果文件	光盘\效果\第 3 章\冰箱 .dwg
	视频文件	光盘\视频\第 3 章\3.1.5 设置图层线型比例 .mp4

步骤01 按【Ctrl+O】组合键，打开素材图形，如图3-14所示。

步骤02 在命令行中输入LTS（线型比例）命令，按【Enter】键确认，在命令行提示下，输入线型比例因子为5，按【Enter】键确认，即可设置线型比例，效果如图3-15所示。

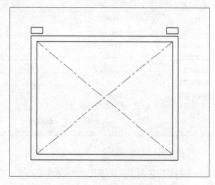

图 3-14 素材图形

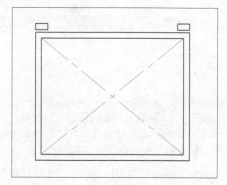

图 3-15 设置线型比例

使用 LTSCALE（线型比例）命令以更改用于图形中所有对象的线型比例因子。修改线型的比例因子将导致重生成图形。

3.1.6 设置图层线宽

线宽设置就是改变线条的宽度。在AutoCAD中，使用不同宽度的线条表现对象的大小或类型，以提高图形的表达能力和可读性。

设置图层线宽的两种方法如下。

◆ 命令行：输入 LWEIGHT（快捷命令：LW）命令。
◆ 菜单栏：选择菜单栏中的"默认"→"特性"→"线宽"命令。

	素材文件	光盘\素材\第 3 章\内矩形花键 .dwg
	效果文件	光盘\效果\第 3 章\内矩形花键 .dwg
	视频文件	光盘\视频\第 3 章\3.1.6 设置图层线宽 .mp4

步骤01 按【Ctrl+O】组合键，打开素材图形，如图3-16所示。

步骤02 在命令行中输入LW（线宽）命令，按【Enter】键确认，弹出"线宽设置"对话框，单击"默认"右侧的下拉按钮，在弹出的下拉列表框中选择0.50 mm选项，如图3-17所示。

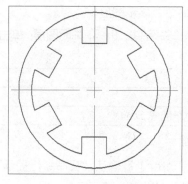

图 3-16 素材图形

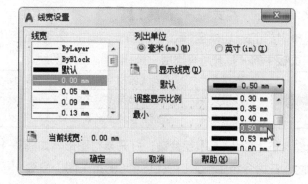

图 3-17 选择 0.50 mm 选项

在"线宽设置"对话框中，各主要选项的含义如下。

◆ "线宽"列表框：显示可用线宽值。

◆ "当前线宽"选项区：显示当前线宽。

◆ "列出单位"选项区：指定线宽是以毫米显示或是英寸显示。

◆ "显示线宽"复选框：控制线宽是否在图形中显示。

步骤03 在"调整显示比例"选项区中，拖曳滑块至右侧的末端，单击"确定"按钮，即可设置图层线宽，效果如图3-18所示。

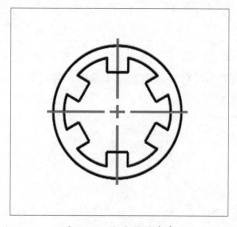

图 3-18 设置图层线宽

3.2 设置图层显示状态

设置图层显示状态包括关闭、显示、冻结、锁定和解锁图层等，可以根据绘图的需要对图层进行相关设置。本节将介绍设置图层显示状态的方法。

3.2.1 关闭与显示图层

在"图层特性管理器"面板中，单击"开"列中对应的小灯泡图标，可以打开或关闭图层对象。

关闭与显示图层的 3 种方法如下。

◆ 命令行：输入 LAYOFF 命令，关闭图层；输入 LAYON 命令，显示图层。

◆ 菜单栏：选择菜单栏中的"格式"→"图层工具"→"图层关闭"命令，关闭图层；选择菜单栏中的"格式"→"图层工具"→"打开所有图层"命令，显示图层。

◆ 按钮法：切换至"默认"选项卡，单击"图层"面板中的"关闭"按钮🔲，关闭图层；单击"图层"面板中的"打开所有图层"按钮🔲，显示图层。

素材文件	光盘 \ 素材 \ 第 3 章 \ 大圆桌 .dwg
效果文件	光盘 \ 效果 \ 第 3 章 \ 大圆桌 .dwg
视频文件	光盘 \ 视频 \ 第 3 章 \3.2.1 关闭与显示图层 .mp4

步骤 01 按【Ctrl+O】组合键，打开素材图形，如图3-19所示。

步骤 02 在命令行中输入LAYOFF（图层关闭）命令，按【Enter】键确认，在命令行提示下，选择绘图区的中心线对象，并确认，即可关闭"中心线"图层，如图3-20所示。

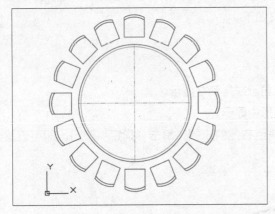 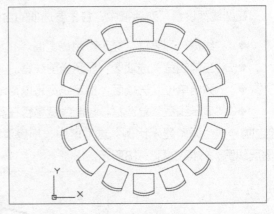

图 3-19 素材图形　　　　　　　　　图 3-20 关闭"中心线"图层

步骤 03 在命令行中输入LAYON（打开所有图层）命令，按【Enter】键确认，即可显示所有的图层对象，效果如图3-21所示。

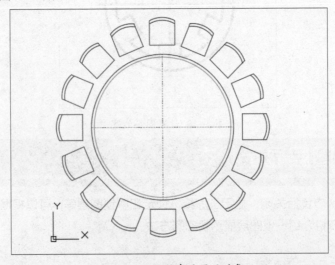

图 3-21 显示所有的图层对象

专家提醒

关闭图层对象后，图层上相应的图形对象将不能显示，也不能打印输出。

3.2.2 冻结与解冻图层的操作

冻结图层有利于减少系统重生成图形的时间，不能参与重生成计算且不显示在绘图区中，用户不能对其进行编辑。完成重生成图形后，可以使用解冻功能将其解冻，恢复原来的状态。

冻结与解冻图层的 3 种方法如下。

◆ 命令行：输入 LAYFRZ 命令，冻结图层；输入 LAYTHW 命令，解冻图层。

◆ 菜单栏：选择菜单栏中的"格式"→"图层工具"→"图层冻结"命令，冻结图层；选择菜单栏中的"格式"→"图层工具"→"解冻所有图层"命令，解冻图层。

◆ 按钮法: 切换至"默认"选项卡，单击"图层"面板中的"冻结"按钮🔳，冻结图层; 单击"图层"面板中的"解冻所有图层"按钮🔳，解冻图层。

	素材文件	光盘 \ 素材 \ 第 3 章 \ 户型结构填充 .dwg
	效果文件	光盘 \ 效果 \ 第 3 章 \ 户型结构填充 .dwg
	视频文件	光盘 \ 视频 \ 第 3 章 \3.2.2 冻结与解冻图层的操作 .mp4

步骤 01 按【Ctrl＋O】组合键，打开素材图形，如图3-22所示。

步骤 02 在命令行中输入LAYFRZ（图层冻结）命令，按【Enter】键确认，在命令行提示下，选择绘图区的结构平面为对象，并确认，即可冻结图层，如图3-23所示。

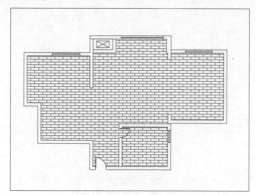

图 3-22 素材图形

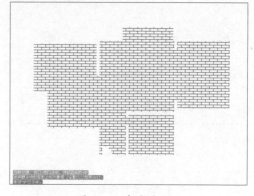

图 3-23 冻结图层

步骤 03 在命令行中输入LAYTHW（解冻所有图层）命令，按【Enter】键确认，即可解冻所有的图层对象，效果如图3-24所示。

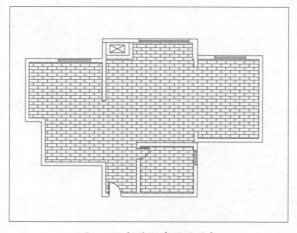

图 3-24 解冻所有图层对象

专家提醒

已冻结图层上的对象不可见，并且不会遮盖其他对象。在大型图形对象中，冻结不需要的图层将加快显示和重生成图形的操作速度。

3.2.3 锁定与解锁图层的操作

在 AutoCAD 2017 中锁定某个图层时，在解锁该图层之前，无法修改该图层上的所有对象。锁定图层可以降低意外修改对象的可能性。用户仍然可以将对象捕捉应用于锁定图层上的对象，且可以执行不会修改这些对象的其他操作。

	素材文件	光盘 \ 素材 \ 第 3 章 \ 沙发组合 .dwg
	效果文件	光盘 \ 效果 \ 第 3 章 \ 沙发组合 .dwg
	视频文件	光盘 \ 视频 \ 第 3 章 \3.2.3 锁定与解锁图层的操作 .mp4

步骤 01　按【Ctrl＋O】组合键，打开素材图形，如图3-25所示。

步骤 02　在命令行中输入LAYLCK（图层锁定）命令，按【Enter】键确认，在命令行提示下，选择绘图区的矩形对象并确认，锁定图层，如图3-26所示，锁定图层将呈浅灰色。

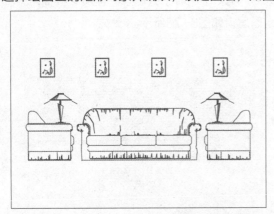

图 3-25 素材图形

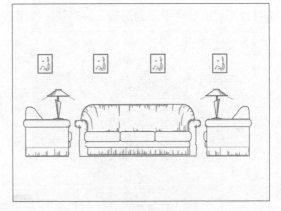

图 3-26 锁定图层

步骤 03　在命令行中输入LAYULK（图层解锁）命令，按【Enter】键确认；在绘图区中的对象上，单击鼠标左键，即可解锁图层，如图3-27所示，解锁后的图层呈黑色。

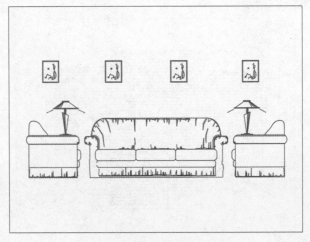

图 3-27 解锁图层

专家提醒

　　图层是用户组织和管理图形的强有力的工具，在 AutoCAD 2017 中，所有图形对象都包含图层、颜色、线型和线宽这四个基本属性。

　　锁定与解锁图层的 3 种方法如下。

● 命令行：输入 LAYLCK 命令，锁定图层；输入 LAYULK 命令，解锁图层。
● 菜单栏：选择菜单栏中的"格式"→"图层工具"→"图层锁定"命令，锁定图层；菜单栏中的"格式"→"图层工具"→"图层解锁"命令，解锁图层。
● 按钮法：切换至"默认"选项卡，单击"图层"面板中的"锁定"按钮，锁定图层；单击"图层"面板中的"解锁"按钮，解锁图层。

3.3 修改图层对象

　　在"图层特性管理器"面板中，不仅可以创建图层，设置图层的颜色、线型及线宽，还可以对图层进行更多的修改，如删除、转换、漫游、匹配以及更改对象图层等。

3.3.1 删除图层操作

　　使用"删除图层"命令，可以删除图层上的所有对象并清理该图层。

　　删除图层的 3 种方法如下。

◆ 命令行：输入 LAYDEL 命令。
◆ 菜单栏：选择菜单栏中的"格式"→"图层工具"→"图层删除"命令。
◆ 按钮法：切换至"默认"选项卡，单击"图层"面板中的"删除"按钮 。

	素材文件	光盘 \ 素材 \ 第 3 章 \ 洗衣机 .dwg
	效果文件	光盘 \ 效果 \ 第 3 章 \ 洗衣机 .dwg
	视频文件	光盘 \ 视频 \ 第 3 章 \3.3.1 删除图层操作 .mp4

步骤 01　按【Ctrl＋O】组合键，打开素材图形，如图3-28所示。

步骤 02　在"默认"选项卡中单击"图层"面板中的"删除"按钮，如图3-29所示。

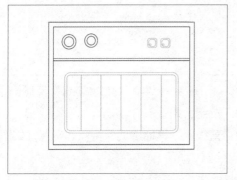

图 3-28　素材图形

图 3-29　单击"删除"按钮

步骤 03　在命令行提示下，选择外矩形作为要删除的图层对象，按【Enter】键确认，在命令行或者界面中输入Y，如图3-30所示。

步骤 04 按【Enter】键确认，即可删除图层，效果如图3-31所示。

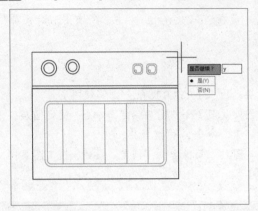
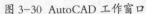

图 3-30 AutoCAD 工作窗口

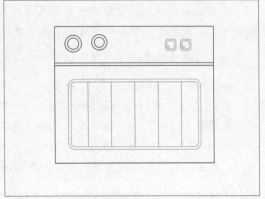

图 3-31 删除图层

3.3.2 转换图层

使用"图层转换器"命令可以转换图层，实现图形的标准化和规范化；可以转换当前图形中的图层，使之与其他图形的图层结构或 CAD 标准文件相匹配。

素材文件	光盘 \ 素材 \ 第 3 章 \ 钢琴 .dwg
效果文件	光盘 \ 效果 \ 第 3 章 \ 钢琴 .dwg
视频文件	光盘 \ 视频 \ 第 3 章 \3.3.2 转换图层 .mp4

步骤 01 按【Ctrl+O】组合键，打开素材图形，如图3-32所示（此时钢琴主体呈浅蓝）。

步骤 02 在"功能区"选项板的"管理"选项卡中，单击"CAD标准"面板中的"图层转换器"按钮，如图3-33所示。

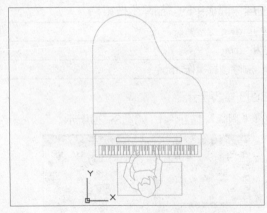

图 3-32 素材图形

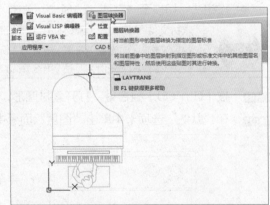

图 3-33 单击"图层转换器"按钮

步骤 03 弹出"图层转换器"对话框，单击"新建"按钮，如图3-34所示。

步骤 04 弹出"新图层"对话框，设置"名称"为"直线"，其他选项保持默认设置，如图3-35所示。

步骤 05 单击"确定"按钮，返回"图层转换器"对话框，依次选择0和"直线"选项，单击"映射"按钮，将0图层映射到"直线"图层中，如图3-36所示。

步骤 06 单击"保存"按钮，弹出"保存图层映射"对话框，设置文件名和保存路径，如图3-37所示。

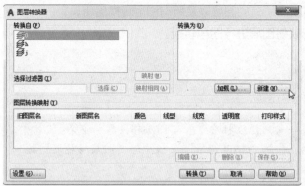

图 3-34 "图层转换器"对话框

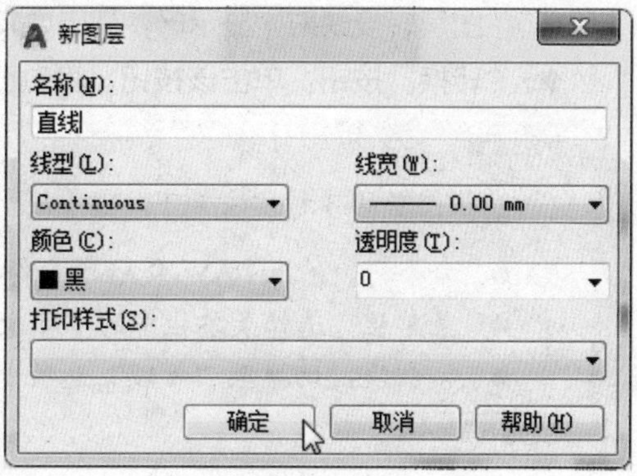

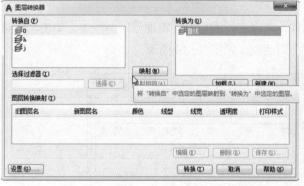

图 3-36 映射图层

图 3-35 "新图层"对话框

图 3-37 "保存图层映射"对话框

步骤 07 单击"保存"按钮，返回"图层转换器"对话框，单击"转换"按钮，如图3-38所示，即可转换图层。

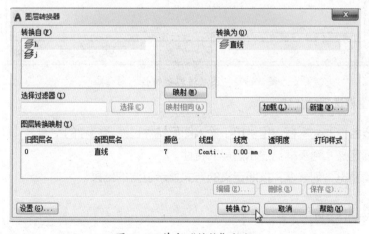

图 3-38 单击"转换"按钮

"图层转换器"对话框中各主要选项含义如下。

◆ "转换自"列表框：在当前图形中指定要转换的图层对象。

◆ "选择过滤器"文本框：用于指定可以包括通配符的命名方式，在"转换自"列表中指定要选择的图层。

◆ "映射"按钮：单击该按钮，将"转换自"中选定的图层映射到"转换为"中选定的图层。

◆ "转换为"列表框：列出可以将当前图形的图层转换为哪些图层。

◆ "图层转换映射"显示区：列出要转换的所有的图层以及所有图层转换后所具有的特性。

◆ "转换"按钮：单击该按钮，将对已映射图层进行图层转换。

专家提醒

转换图层的 3 种方法如下。

● 命令行：输入 LAYTRANS 命令。
● 菜单栏：选择菜单栏中的"管理"→"CAD 标准"→"图层转换器"命令。
● 按钮法：切换至"管理"选项卡，单击"CAD 标准"面板中的"图层转换器"按钮 图层转换器 。

3.3.3 过滤图层

在绘制图形时，如果图形中包含大量图层，可以在"图层特性管理器"面板中，单击"新建图层过滤器"按钮，弹出"图层过滤器特性"对话框，如图 3-39 所示。

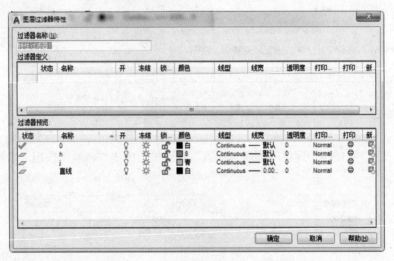

图 3-39 "图层过滤器特性"对话框

对话框中各主要选项含义如下。

◆ "过滤器名称"文本框：提供用于输入图层特性过滤器名称的空间。
◆ "过滤器定义"列表框：显示图层的特性。
◆ "过滤器预览"列表框：按照定义的方式显示过滤的结果。

3.3.4 图层的漫游

使用"图层漫游"命令，可以动态显示在"图层"列表中选择的图层对象。

素材文件	光盘 \ 素材 \ 第 3 章 \ 插座 .dwg
效果文件	光盘 \ 效果 \ 第 3 章 \ 插座 .dwg
视频文件	光盘 \ 视频 \ 第 3 章 \3.3.4 图层的漫游 .mp4

步骤 01 按【Ctrl＋O】组合键，打开素材图形，如图3-40所示。

步骤 02 在"功能区"选项板的"默认"选项卡中，单击"图层"面板中的"图层漫游"按钮，如图3-41所示。

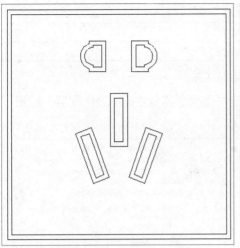

图 3-40 素材图形

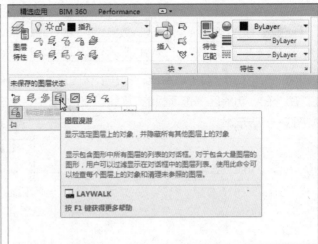

图 3-41 单击"图层漫游"按钮

步骤 03 弹出"图层漫游-图层数：2"对话框，选择"插孔"选项，取消选中"退出时恢复"复选框，如图3-42所示。

步骤 04 单击"关闭"按钮，弹出"图层-图层状态更改"对话框，单击"继续"按钮，即可漫游图层，效果如图3-43所示。

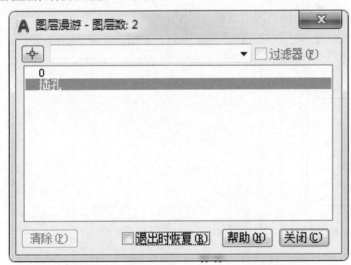

图 3-42 "图层漫游 - 图层数：2"对话框

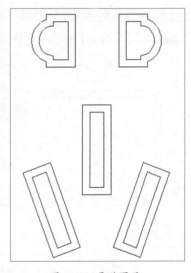

图 3-43 漫游图层

专家提醒

漫游图层的 3 种方法如下。

- 命令行：输入 LAYWALK 命令。
- 菜单栏：选择菜单栏中的"格式"→"图层工具"→"图层漫游"命令。
- 按钮法：切换至"默认"选项卡，单击"图层"面板中的"图层漫游"按钮 。

3.3.5 匹配图层

图层匹配可以将选定图形对象的图层更改为与目标图层相匹配。

	素材文件	光盘 \ 素材 \ 第 3 章 \ 台球桌 .dwg
	效果文件	光盘 \ 效果 \ 第 3 章 \ 台球桌 .dwg
	视频文件	光盘 \ 视频 \ 第 3 章 \3.3.5 匹配图层 .mp4

步骤 01 按【Ctrl + O】组合键，打开素材图形，如图3-44所示。

步骤 02 在"功能区"选项板的"默认"选项卡中，单击"图层"面板中的"匹配图层"按钮，如图3-45所示。

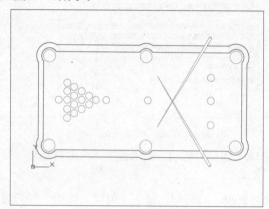

图 3-44 素材图形

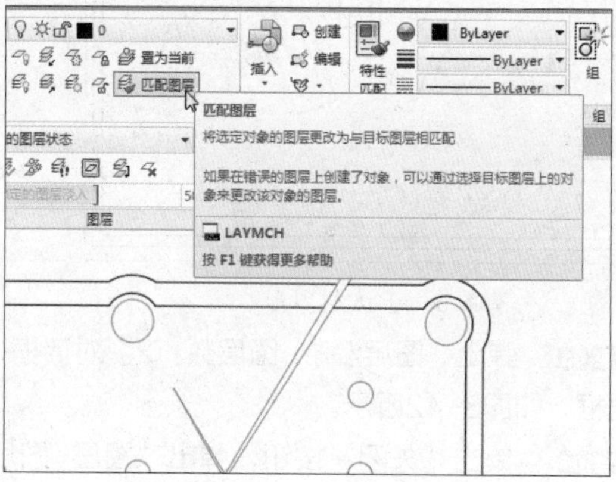

图 3-45 单击"匹配图层"按钮

步骤 03 在命令行提示下，选择绘图区中的合适的图形对象，如图3-46所示。

步骤 04 按【Enter】键确认，在灰色线上单击鼠标左键，匹配图层，如图3-47所示。

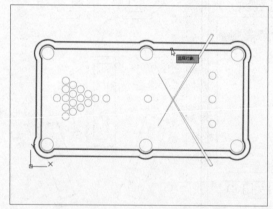

图 3-46 选择合适的图形对象

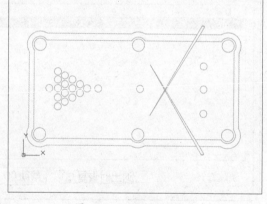

图 3-47 匹配图层

专家提醒

匹配图层的 3 种方法如下。

● 命令行：输入 LAYMCH 命令。

● 菜单栏：选择菜单栏中的"格式"→"图层工具"→"图层匹配"命令。

● 按钮法：切换至"默认"选项卡，单击"图层"面板的"匹配图层"按钮 。

3.3.6 更改对象图层

在 AutoCAD 2017 中，改变对象所在图层可以更改图层名和图层的任意特性（包括颜色和线型），也可以将对象从一个图层重新指定给其他图层。

素材文件	光盘 \ 素材 \ 第 3 章 \ 盘子 .dwg
效果文件	光盘 \ 效果 \ 第 3 章 \ 盘子 .dwg
视频文件	光盘 \ 视频 \ 第 3 章 \3.3.6 更改对象图层 .mp4

步骤 01 按【Ctrl + O】组合键，打开素材图形，如图3-48所示。

步骤 02 在绘图区中，选择需要更改图层的图形对象（两根虚线），在"默认"选项卡的"图层"下拉列表框中选择"中心线"选项，如图3-49所示。

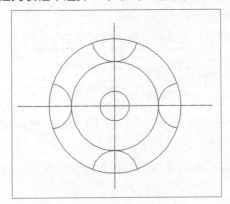

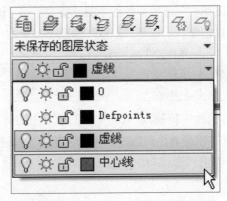

图 3-48 素材图形　　　　　图 3-49 选择"中心线"选项

步骤 03 执行操作后按【Esc】键结束命令，即可改变对象所在图层，如图3-50所示。

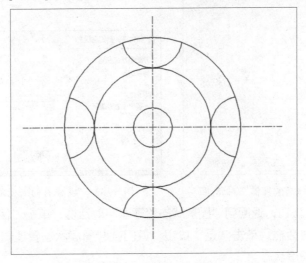

图 3-50 改变对象所在图层

> **专家提醒**
>
> 　　除了运用上述方法改变对象所在图层外，用户还可以在绘图区中选择编辑对象，单击鼠标右键，在弹出的快捷菜单中选择"快捷特性"选项，在弹出的"快捷特性"面板中可以改变对象所在图层。

3.4 设置图层的状态

　　在 AutoCAD 2017 中，可以将图层设置另存为命名图层状态，然后可以恢复、编辑这些图层设置，从其他图形和文件中输入这些图层设置，以及将其输出以便在其他图形中使用。

3.4.1 保存图层状态

使用保存图层状态功能，可以将当前图层设置保存到图层状态、更改图层状态，以后将它们恢复到图形。

保存图层状态的 3 种方法如下。

◆ 命令行：输入 LAYERSTATE 命令。

◆ 菜单栏：选择菜单栏中的"格式"→"图层状态管理器"命令。

◆ 按钮法：切换至"默认"选项卡，单击"图层"面板的"管理图层状态"按钮。

	素材文件	无
	效果文件	光盘 \ 效果 \ 第 3 章 \ 保存图层状态 .dwg
	视频文件	光盘 \ 视频 \ 第 3 章 \3.4.1 保存图层状态 .mp4

步骤 01 在命令行输入LAYERSTATE（图层状态管理器）命令，按【Enter】键确认，弹出"图层状态管理器"对话框，单击"新建"按钮，如图3-51所示。

步骤 02 弹出"要保存的新图层状态"对话框，在相应的文本框中输入相应的内容，效果如图3-52所示。

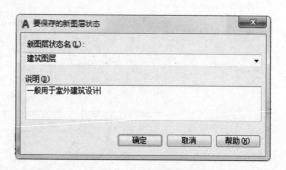

图 3-51 "图层状态管理器"对话框　　　图 3-52 "要保存的新图层状态"对话框

步骤 03 单击"确定"按钮，返回到"图层状态管理器"对话框，单击"保存"按钮，弹出"图层-覆盖图层状态"对话框，单击"是"按钮，返回到"图层状态管理器"对话框，单击"关闭"按钮，即可保存图层状态。

"图层状态管理器"对话框中，各主要选项的含义如下。

◆ "图层状态"列表框：列出已保存在图形中的图层名称、保存它们的空间（模型空间、布局或外部参照）、图层列表是否与图形中的图层列表相同以及可选说明。

◆ "不列出外部参照中的图层状态"复选框：控制是否显示外部参照中的图层状态。

◆ "保存"按钮：保存选定的命令图层状态。

◆ "输入"按钮：显示标准文件选择对话框，从中可以将之前输出的图层状态（LAS）文件加载到当前图形。

◆ "输出"按钮：显示标准文件选择对话框，从中可以将选定命名图层状态保存到图层状态（LAS）文件中。

◆ "恢复"按钮：将图形中所有图层的状态和特性设置恢复为之前保存的设置。

◆ "关闭"按钮：关闭图层状态管理器并保存更改。

3.4.2 输出图层状态

在 AutoCAD 2017 中，用户还可以将图层状态保存在本地磁盘上，供以后使用。

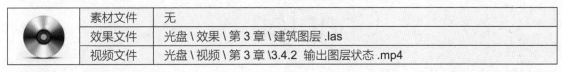

素材文件	无
效果文件	光盘 \ 效果 \ 第 3 章 \ 建筑图层 .las
视频文件	光盘 \ 视频 \ 第 3 章 \3.4.2 输出图层状态 .mp4

步骤 01 以3.4.1节的效果为基础，新建一个空白文件，在命令行输入LAYERSTATE（图层状态管理器）命令，按【Enter】键确认，弹出"图层状态管理器"对话框，选择合适的图层状态，如图3-53所示。

步骤 02 单击"输出"按钮，弹出"输出图层状态"对话框，选择合适的保存路径，如图3-54所示，单击"保存"按钮，即可输出图层状态。

图 3-53 "图层状态管理器"对话框

图 3-54 "输出图层状态"对话框

04
Chapter

绘制二维平面图形

学前提示

　　绘图是AutoCAD 2017的主要功能，也是最基本的功能，而二维平面图形的形状都很简单，创建起来也很容易，是AutoCAD绘图的基础。因此，只有熟练地掌握绘制简单二维平面图形的绘图命令，才能更好地绘制出复杂的图形。

本章教学目标

- 创建点对象
- 创建线型对象
- 创建其他线型对象
- 创建曲线型对象

学完本章后你会做什么

- 掌握创建点对象的操作，如绘制单点、定数等分点等
- 掌握创建线型对象的操作，如绘制直线、构造线、射线等
- 掌握创建曲线型对象的操作，如绘制圆弧、圆环、椭圆等

视频演示

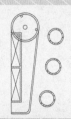

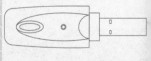

4.1 创建点对象

点是组成线的基本单位，创建点对象包括创建点、创建定数等分点和定距等分点对象。本节将介绍创建点对象的方法。

4.1.1 设置点的样式

如果用户需要标识很多不同的地方，直接使用系统默认的点样式，就无法区分各部分的不同，此时需要重新设置不同的点样式来标识。

设置点样式的两种方法如下。

◆ 命令行：输入 DDPTYPE 命令。

◆ 菜单栏：选择菜单栏中的"格式"→"点样式"命令。

采用以上任意一种方法执行操作后，都将弹出"点样式"对话框，如图 4-1 所示。在该对话框中各主要选项的含义如下。

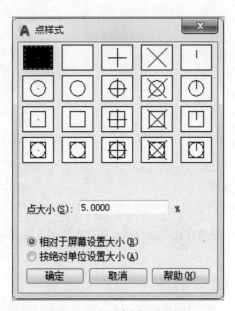

图 4-1 "点样式"对话框

◆ "点大小"文本框：用于设置点的显示大小，可以相对于屏幕尺寸设置点大小，也可以设置点的绝对大小。

◆ "相对于屏幕设置大小"单选按钮：用于按屏幕尺寸百分比设置点的显示大小。当进行改变显示比例时，点的显示大小并不改变。

◆ "按绝对单位设置大小"单选按钮：使用实际单位设置点的大小。当改变显示比例时，AutoCAD 显示的点的大小随之改变。

> **专家提醒**
>
> "点样式"对话框的第 1 行点样式的 PDMODE 数值分别为 0 ~ 4；第 2 行分别为 32 ~ 36；第 3 行分别为 64 ~ 68；第 4 行分别为 96 ~ 100。

4.1.2 绘制单点对象

在 AutoCAD 2017 中，作为节点对象或参照几何图形对象的点对象，对于对象捕捉和相对偏移是非常有用的。

绘制单点的两种方法如下。

◆ 命令行：输入 POINT（快捷命令：PO）命令。

◆ 菜单栏：选择菜单栏中的"绘图"→"点"→"单点"命令。

	素材文件	光盘 \ 素材 \ 第 4 章 \ 吧台 .dwg
	效果文件	光盘 \ 效果 \ 第 4 章 \ 吧台 .dwg
	视频文件	光盘 \ 视频 \ 第 4 章 \4.1.2 绘制单点对象 .mp4

步骤 01 按【Ctrl + O】组合键，打开素材图形，如图4-2所示。

步骤 02 在命令行中输入PO（单点）命令，按【Enter】键确认；在命令行提示下，在绘图区中的大圆圆心点上单击鼠标左键，即可创建点，效果如图4-3所示。

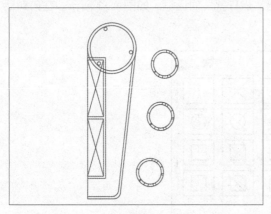

图 4-2 素材图形

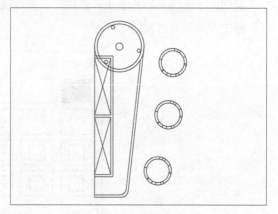

图 4-3 创建单点

专家提醒

在创建单点的过程中，如果修改了点样式，那么在绘图区点显示为用户最后设定的样式。

4.1.3 创建定数等分点

使用"定数等分点"命令，可以将点或块沿图形对象的长度间隔排列。

创建定数等分点的 3 种方法如下。

◆ 命令行：输入 DIVIDE（快捷命令：DIV）命令。

◆ 菜单栏：选择菜单栏中的"绘图"→"点"→"定数等分"命令。

◆ 按钮法：切换至"默认"选项卡，单击"绘图"面板中的"定数等分"按钮。

	素材文件	光盘 \ 素材 \ 第 4 章 \ 饮水机 .dwg
	效果文件	光盘 \ 效果 \ 第 4 章 \ 饮水机 .dwg
	视频文件	光盘 \ 视频 \ 第 4 章 \4.1.3 创建定数等分点 .mp4

步骤 01 按【Ctrl + O】组合键，打开素材图形，如图4-4所示。

步骤 02 在"功能区"选项板的"默认"选项卡中，单击"绘图"面板中间的下拉按钮，展开面板，单击"定数等分"按钮，如图4-5所示。

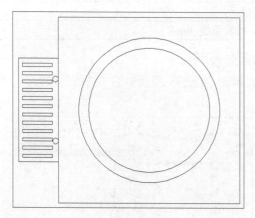

图 4-4 素材图形

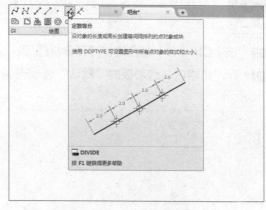

图 4-5 单击"定数等分"按钮

步骤 **03**　在命令行提示下，选择中间的小圆作为定数等分对象，输入等分数为10，按【Enter】键确认，即可创建定数等分点，如图4-6所示。

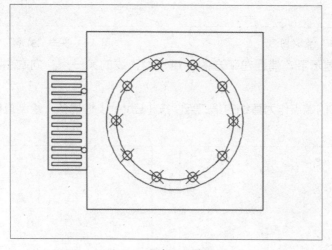

图 4-6 创建定数等分点

> **专家提醒**
>
> 　　在使用"定数等分"命令时，应注意以下两点。
>
> ● 因为输入的是等分数，而不是放置点的个数，所以如果将所选非闭合对象分为N份，则实际上只生成 N – 1 个点。
>
> ● 每次只能对一个对象操作，而不能对一组对象操作。

4.2　创建线型对象

　　线型对象在 AutoCAD 的各类绘图操作中，是最常见、最简单的图形对象，在各类工程图形的创建中，由直线构成的几何图形，同样是应用最广泛的一种图形对象。

4.2.1　绘制直线

　　使用"直线"命令，可以闭合一系列直线段，将第一条线段和最后一条线段连接起来。

素材文件	光盘\素材\第4章\装饰柜.dwg
效果文件	光盘\效果\第4章\装饰柜.dwg
视频文件	光盘\视频\第4章\4.2.1 绘制直线.mp4

步骤01 按【Ctrl+O】组合键，打开素材图形，如图4-7所示。

步骤02 在"功能区"选项板的"默认"选项卡中，单击"绘图"面板中的"直线"按钮，如图4-8所示。

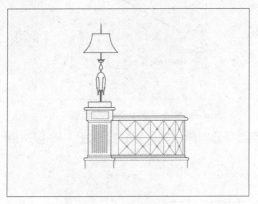

图 4-7 素材图形

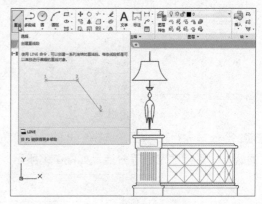

图 4-8 单击"直线"按钮

步骤03 在命令行提示下，捕捉左下方的端点作为直线的第一点，向右引导光标，如图4-9所示。

步骤04 捕捉右下方的端点作为直线的第二点，按【Enter】键确认，绘制直线，效果如图4-10所示。

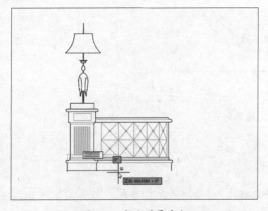

图 4-9 向右引导光标

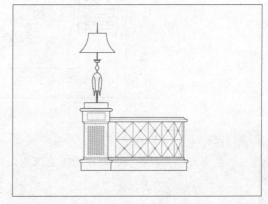

图 4-10 绘制直线

专家提醒

创建直线的三种方法如下。

● 命令行：输入 LINE（快捷命令：L）命令。
● 菜单栏：选择菜单栏中的"绘图"→"直线"命令。
● 按钮法：切换至"默认"选项卡，单击"绘图"面板中的"直线"按钮 。

4.2.2 绘制射线

向一个方向无限延伸的，且只有起点没有终点的直线称为射线。射线主要用于绘制辅助参考线，从而方便绘图。

绘制射线的 3 种方法如下。

◆ 命令行：输入 RAY 命令。

◆ 菜单栏：选择菜单栏中的"绘图"→"射线"命令。

◆ 按钮法：切换至"默认"选项卡，单击"绘图"面板中的"射线"按钮。

	素材文件	光盘\素材\第 4 章\炕桌 .dwg
	效果文件	光盘\效果\第 4 章\炕桌 .dwg
	视频文件	光盘\视频\第 4 章\4.2.2 绘制射线 .mp4

步骤 01 按【Ctrl + O】组合键，打开素材图形，如图4-11所示。

步骤 02 在"默认"选项卡中，单击"绘图"面板中的"射线"按钮，执行上述操作后，如图4-12所示。

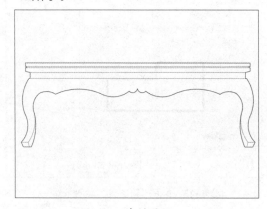

图 4-11 素材图形

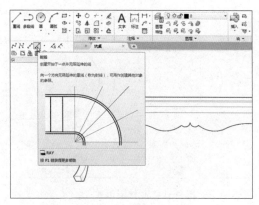

图 4-12 单击"射线"按钮

步骤 03 在命令行提示下，在左侧直线的中点上单击，向右引导光标，在图形右侧合适位置上单击鼠标左键，按【Enter】键确认，即可绘制出射线，如图4-13所示。

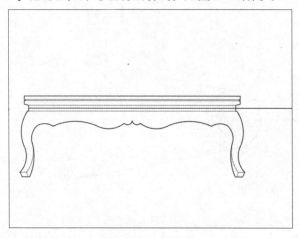

图 4-13 绘制射线

4.2.3 绘制构造线

在 AutoCAD 2017 中，向两个方向无限延伸，且没有起点和终点的直线称为构造线。构造线主要用于绘制参考辅助线。

绘制构造线的 3 种方法如下。

◆ 命令行：输入 XLINE（快捷命令：XL）命令。

◆ 菜单栏：选择菜单栏中的"绘图"→"构造线"命令。

◆ 按钮法：切换至"默认"选项卡，单击"绘图"面板中的"构造线"按钮 ↗。

	素材文件	光盘 \ 素材 \ 第 4 章 \ 曲柄 .dwg
	效果文件	光盘 \ 效果 \ 第 4 章 \ 曲柄 .dwg
	视频文件	光盘 \ 视频 \ 第 4 章 \4.2.3 绘制构造线 .mp4

步骤 01 按【Ctrl＋O】组合键，打开素材图形，如图4-14所示。

步骤 02 在"功能区"选项板的"默认"选项卡中，单击"绘图"面板中的"构造线"按钮 ，如图4-15所示。

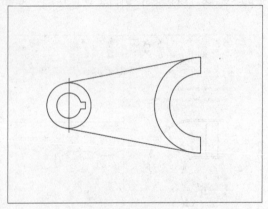

图 4-14 素材图形

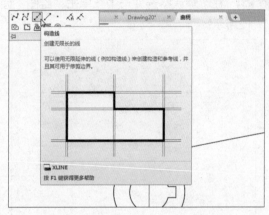

图 4-15 单击"构造线"按钮

步骤 03 在命令行提示下，依次捕捉左侧的圆心点和右侧的圆心点，按【Enter】键确认，绘制构造线，如图4-16所示。

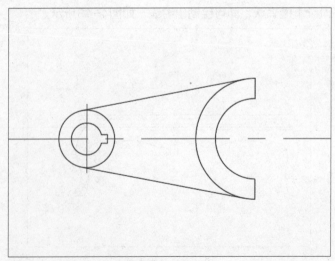

图 4-16 绘制构造线

执行"构造线"命令后，命令行中提示如下。

指定点或 [水平 (H)/ 垂直 (V)/ 角度 (A)/ 二等分 (B)/ 偏移 (O)]：（通过用无限长直线所通过的两点定义构造线的位置）。

命令行中各选项含义如下。

◆ 水平（H）：绘制一条通过指定点且平行于 X 轴的构造线。

◆ 垂直（V）：绘制一条通过指定点且平行于 Y 轴的构造线。

◆ 角度（A）：以指定角度或参照某条已经存在直线以一定的角度绘制一条构造线。

◆ 二等分（B）：绘制角平分线。使用该选项绘制的构造线将平分指定的两条相交线之间的夹角。

◆ 偏移（O）：通过另一条直线对象绘制与此平行的构造线，绘制此平行构造线时可以指定偏移距离与方向，也可以指定通过点。

专家提醒

在使用"二等分"绘制构造线中，用输入坐标值指定角度顶点、起点和端点的方法绘制时，提示输入顶点和起点直接输入的坐标值为绝对坐标值，而提示输入端点直接输入的坐标值为相对于起点的坐标值。

4.3 创建其他线型对象

除了上述介绍的直线、射线以及构造线的绘制方法外，本节将向用户介绍多线、多段线、矩形和多边形的绘制方法。

4.3.1 设置多线样式

在 AutoCAD 2017 中，默认的多线样式为 STANDARD 样式，由一对平行的连续线组成。用户可以将绘制的多线样式保存在当前图形中，也可以将多线样式保存到独立的多线样式库文件中，以便在其他图形文件中加载并使用这些多线样式。

设置多线样式的两种方法如下。

◆ 命令行：输入 MLSTYLE 命令。

◆ 菜单栏：选择菜单栏中的"格式"→"多线样式"命令。

◆ 执行"多线样式"命令后，将弹出"多线样式"对话框，如图 4-17 所示。在该对话框中，各选项的含义如下。

◆ "当前多线样式"显示区：显示当前多线样式名称，该样式将在后续创建的多线中用到。

◆ "样式"列表框：显示已加载到图形中的多线样式列表。

◆ "说明"显示区：用于显示选定多线样式的说明。

◆ "预览"显示区：显示选定多线样式名称和图像。

◆ "置为当前"按钮：单击该按钮，设置用于后续创建的多线的当前多线样式。

◆ "新建"按钮：单击该按钮，将弹出"创建新的多线样式"对话框，从中可以创建新的多线样式。

◆ "修改"按钮：单击该按钮，将弹出"修改多线样式"对话框，从中可以修改选定的多线样式。

◆ "重命名"按钮：单击该按钮，重命名当前选定多线样式。不能重命名 STANDARD 多线样式。

图 4-17 "多线样式"对话框

◆ "删除"按钮：单击该按钮，可以从"样式"列表中删除当前选定的多线样式。

◆ "加载"按钮：单击该按钮，将显示"加载多线样式"对话框，从中可以从指定的 MLN 文件加载多线样式。

◆ "保存"按钮：单击该按钮，可以将多线样式保存或复制到多线库（MLN）文件。

4.3.2 创建多线

多线包含 1 ~ 16 条称为元素的平行线，其中的平行线可以具有不同的颜色和线形。多线可作为一个单一的实体来进行编辑。

创建多线的两种方法如下。

◆ 命令行：输入 MLINE（快捷命令：ML）命令。

◆ 菜单栏：选择菜单栏中的"绘图"→"多线"命令。

	素材文件	光盘 \ 素材 \ 第 4 章 \ 平面结构图 .dwg
	效果文件	光盘 \ 效果 \ 第 4 章 \ 平面结构图 .dwg
	视频文件	光盘 \ 视频 \ 第 4 章 \4.3.2 创建多线 mp4

步骤01 按【Ctrl＋O】组合键，打开素材图形，如图4-18所示。在命令行中输入MLINE（多线）命令，按【Enter】键确认，在命令行提示下，输入S（比例）选项，设置多线比例为240，捕捉左上方合适端点，向左引导光标，输入指定下一点位置为2700，按【Enter】键确认。

步骤02 向下引导光标，输入3760并确认；再向右引导光标，输入1500并确认，绘制的多线效果如图4-19所示。

专家提醒

在 AutoCAD 2017 中，多线样式用于控制多线中直线元素的数目、颜色、线形、线宽以及每个元素偏移量，还可以修改多线显示、端点封口和背景填充。

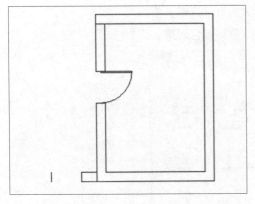

图 4-18 素材图形　　　　　图 4-19 绘制多线

执行"多线"命令后命令行中提示如下。

当前设置：对正 = 上，比例 =20.00，样式 = STANDARD

指定起点或 [对正 (J)/ 比例 (S)/ 样式 (ST)]：

命令行中各选项含义如下。

◆ 对正（J）：指定多线对正的方法。
◆ 比例（S）：指定多线宽度相对于多线定义宽度比例因子，该比例不影响多线的线形比例。
◆ 样式（ST）：确定绘制多线时采用的样式，默认样式为 STANDARD。

4.3.3 编辑多线

在 AutoCAD 2017 中，使用"编辑多线"命令，可以对多线进行编辑处理。

编辑多线的两种方法如下。

命令行：输入 MLEDIT 命令。

菜单栏：选择菜单栏中的"修改"→"对象"→"多线"命令。

执行"多线"命令后，将弹出"多线编辑工具"对话框，如图 4-20 所示。

"多线编辑工具"对话框中，各多线编辑工具的含义如下。

◆ "十字闭合"工具：在两条多线之间创建闭合的十字交点。
◆ "十字打开"工具：在两条多线之间创建打开的十字交点。
◆ "十字合并"工具：在两条多线之间创建合并的十字交点。
◆ "T 形闭合"工具：在两条多线之间创建闭合的 T 形交点。
◆ "T 形打开"工具：在两条多线之间创建打开的 T 形交点。
◆ "T 形合并"工具：在两条多线之间创建合并的 T 形交点。
◆ "角点结合"工具：在多线之间创建角点结合。
◆ "添加顶点"工具：向多线添加顶点。
◆ "删除顶点"工具：从多线删除顶点。
◆ "单个剪切"工具：通过拾取点剪切所选定的多线元素。

◆ "全部剪切"工具：创建穿过整条多线对象的可见打断。
◆ "全部接合"工具：将被剪切多线线段对象重新接合起来。

图 4-20 "多线编辑工具"对话框

4.3.4 创建多段线

多段线是由多条可以改变宽度的直线段或圆弧相互连接而组成的组合体，它是一种非常有用的线段对象。多段线中的各线段可以具有不同的线宽。

创建多段线的 3 种方法如下。

◆ 命令行：输入 PLINE（快捷命令：PL）命令。
◆ 菜单栏：选择菜单栏中的"绘图"→"多段线"命令。
◆ 按钮法：切换至"默认"选项卡，单击"绘图"面板中的"多段线"按钮 ⏎。

素材文件	光盘 \ 素材 \ 第 4 章 \ 射灯 .dwg
效果文件	光盘 \ 效果 \ 第 4 章 \ 射灯 .dwg
视频文件	光盘 \ 视频 \ 第 4 章 \4.3.4 创建多段线 mp4

步骤 01 按【Ctrl＋O】组合键，打开素材图形，如图4-21所示。

步骤 02 在"功能区"选项板的"默认"选项卡中，单击"绘图"面板中的"多段线"按钮，在命令行提示下，在相应的点上单击，向上引导光标。

步骤 03 输入多段线长度为150，向右引导光标长度为100，向下移动鼠标，连接端点按【Enter】键确认；偏移完成后效果如图4-22所示。

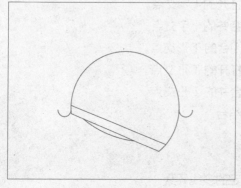

图 4-21 素材图形

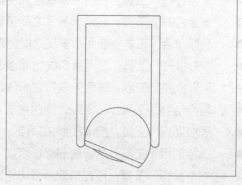

图 4-22 创建多段线

执行"多段线"命令后，命令行中的提示如下。

指定起点：（指定多段线的起点）

当前线宽为 0.0000

指定下一个点或者 [圆弧 (A)/ 半宽 (H)/ 长度 (L)/ 放弃 (U)/ 宽度 (W)]：（指定多段线的下一个点）

指定下一个点或 [圆弧 (A)/ 闭合 (C)/ 半宽 (H)/ 长度 (L)/ 放弃 (U)/ 宽度 (W)]：（指定多段线的下一个点）

命令行中各选项含义如下。

◆ 圆弧（A）：当选择该选项之后，将由绘制直线改为绘制圆弧。
◆ 闭合（C）：选择该选项，完成多段线绘制，使已绘制的多段线成为闭合的多段线。
◆ 半宽（H）：选择该选项将确定圆弧的起始半宽或终止半宽。
◆ 长度（L）：选择该选项，将可以指定线段的长度。
◆ 放弃（U）：当选择该选项，将取消最后一条绘制直线或圆弧，完成多段线的绘制。
◆ 宽度（W）：选择该选项，将可以确定所绘制的多段线宽度。

4.3.5 编辑多段线

使用"编辑多段线"命令可以编辑多段线。二维和三维多段线、矩形、正多边形、三维多边形网格都是多段线的变形，均可以使用该命令进行编辑。

编辑多段线的 3 种方法如下。

◆ 命令行：输入 PEDIT（快捷命令：PE）命令。
◆ 菜单栏：选择菜单栏中的"修改"→"对象"→"多段线"命令。
◆ 按钮法：切换至"默认"选项卡，单击"修改"面板中的"编辑多段线"按钮 ◁。

素材文件	光盘 \ 素材 \ 第 4 章 \ 支架 .dwg
效果文件	光盘 \ 效果 \ 第 4 章 \ 支架 .dwg
视频文件	光盘 \ 视频 \ 第 4 章 \4.3.5 编辑多段线 mp4

步骤 01 按【Ctrl + O】组合键，打开素材图形，如图4-23所示。

步骤 02 在"功能区"选项板的"默认"选项卡中，单击"修改"面板中的"编辑多段线"按钮 ◁，如图4-24所示。

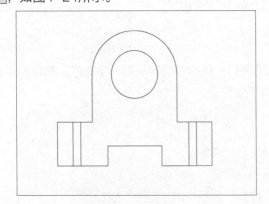

图 4-23 素材图形

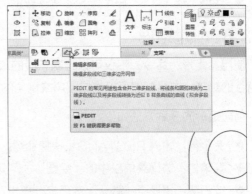

图 4-24 单击"编辑多段线"按钮

步骤 03 在命令行提示下，选择绘图区中的多段线对象，输入W（宽度）选项，按【Enter】键确认，输入新宽度值为3，如图4-25所示。

步骤 04 连续按两次【Enter】键确认，即可完成对多段线的编辑，效果如图4-26所示。

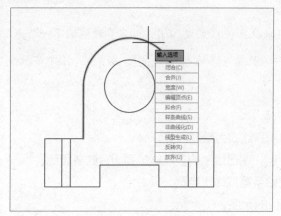

图 4-25 输入参数值

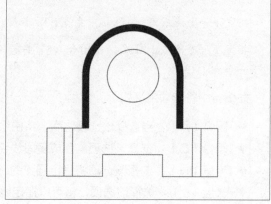

图 4-26 编辑多段线

执行"编辑多段线"命令后，命令行中的提示如下。

选择多段线或 [多条 (M)]：（选择单条多段线对象，或输入 M 选项按【Enter】键确认，选择多条多段线对象）

输入选项 [闭合 (C)/ 合并 (J)/ 宽度 (W)/ 编辑顶点 (E)/ 拟合 (F)/ 样条曲线 (S)/ 非曲线化 (D)/ 线形生成 (L)/ 反转 (R)/ 放弃 (U)]：

命令行中各主要选项含义如下。

◆ 合并（J）：只可用于二维多段线，可以把其他图纸、直线和多段线连接到已有多段线上，不过连接端点必须闭合。

◆ 宽度（W）：用于指定多段线宽度。

◆ 编辑顶点（E）：提供一组子选项，使用户能够编辑顶点和与顶点相邻的线段。

◆ 拟合（F）：用于创建圆弧拟合多段线。

◆ 样条曲线（S）：将样条曲线拟合成多段线，且闭合时，以多段线各顶点作为样条曲线的控制点。

◆ 非曲线化（D）：删除拟合或样条曲线插入的额外顶点，回到初始状态。

◆ 线形生成（L）：用于控制非连续线形多段线顶点处的线形。

4.3.6 创建矩形

使用"矩形"命令，不仅可以绘制一般的二维矩形，还能够绘制具有一定宽度、高度和厚度等特性的矩形，并且能够直接生成圆角或倒角的矩形。

创建矩形的 3 种方法如下。

◆ 命令行：输入 RECTANG（快捷命令：REC）命令。

◆ 菜单栏：选择菜单栏中的"绘图"→"矩形"命令。

◆ 按钮法：切换至"默认"选项卡，单击"绘图"面板中的"矩形"按钮 ▢。

	素材文件	光盘 \ 素材 \ 第 4 章 \ 浴霸 .dwg
	效果文件	光盘 \ 效果 \ 第 4 章 \ 浴霸 .dwg
	视频文件	光盘 \ 视频 \ 第 4 章 \4.3.6 创建矩形 .mp4

步骤 01 按【Ctrl + O】组合键，打开素材图形，如图4-27所示。

步骤 02 在命令行中输入REC（矩形）命令，按【Enter】键确认；在命令行提示下，输入第一个角点坐标（878,725），按【Enter】键确认；将光标向下拖动到合适的位置，单击鼠标左键，即可完成矩形的创建，效果如图4-28所示。

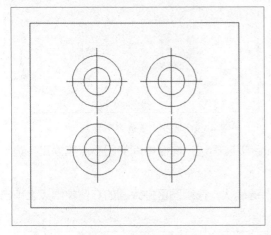

图 4-27 素材图形   图 4-28 创建矩形

执行"矩形"命令后命令行中提示如下。

指定第一个角点或者 [倒角 (C)/ 标高 (E)/ 圆角 (F)/ 厚度 (T)/ 宽度 (W)]：（用于指定矩形的一个角点）。

指定另一个角点或 [面积 (A)/ 尺寸 (D)/ 旋转 (R)]：（指定矩形的对角点）。

命令行中各选项含义如下。

◆ 倒角（C）：设置矩形的倒角距离，以后执行"矩形"命令时此值将会成为当前倒角距离。
◆ 标高（E）：指定矩形的标高。
◆ 圆角（F）：需要设置圆角矩形时选择该选项可以指定矩形的圆角半径。
◆ 宽度（W）：为要绘制的矩形指定多段线的宽度。
◆ 面积（A）：通过确定矩形面积大小的方式绘制矩形。
◆ 尺寸（D）：通过输入矩形的长和宽两个边长确定矩形大小。
◆ 旋转（R）：可以指定绘制矩形的旋转角度。

4.3.7 创建正多边形

AutoCAD 2017 创建的正多边形，是具有 3 ~ 1024 条边，且边长相等的封闭多段线，在默认情况下，正多边形的边数是 4。

	素材文件	光盘 \ 素材 \ 第 4 章 \ 地面拼花 .dwg
	效果文件	光盘 \ 效果 \ 第 4 章 \ 地面拼花 .dwg
	视频文件	光盘 \ 视频 \ 第 4 章 \4.3.7 创建正多边形 .mp4

步骤 01 按【Ctrl＋O】组合键，打开素材图形，如图4-29所示。

步骤 02 在"功能区"选项板的"默认"选项卡中，单击"绘图"面板中的"多边形"按钮⬡，如图4-30所示。

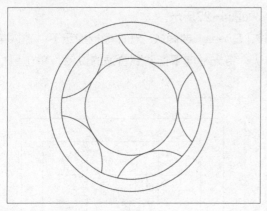

图 4-29 素材图形　　　　　　图 4-30 单击"多边形"按钮

步骤 03 在命令行提示下，输入边数为8，按【Enter】键确认，捕捉中间的圆心点作为正多边形的中心点，如图4-31所示。

步骤 04　输入C（外切于圆）选项，按【Enter】键确认，在绘图区中大圆的右侧象限点上单击鼠标左键，即可创建多边形，效果如图4-32所示。

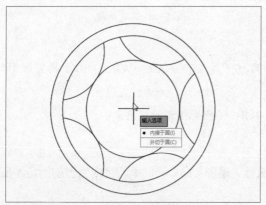

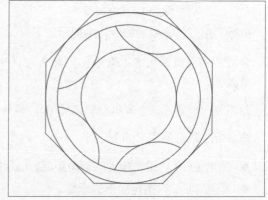

图 4-31 输入参数值　　　　　　图 4-32 创建多边形

专家提醒

创建正多边形的 3 种方法如下。

● 命令行：输入 POLYGON（快捷命令：POL）命令。
● 菜单栏：选择菜单栏中的"绘图"→"多边形"命令。
● 按钮法：切换至"默认"选项卡，单击"绘图"面板中的"多边形"按钮⬡。

执行"多边形"命令后，命令行中的提示如下。

◆ 输入侧面数 <4>：（指定多边形的边数，默认值为 4）
◆ 指定正多边形的中心点或 [边 (E)]：（指定中心点）
◆ 输入选项 [内接于圆 (I)/ 外切于圆 (C)] <I>：（指定是内接于圆或外切于圆）
◆ 指定圆的半径：（指定外接圆或内切圆的半径）

命令行中各选项含义如下。

◆ 边（E）：选择该选项，则只要指定多边形的一条边，系统就会按逆时针方向创建多边形。

◆ 内接于圆（I）：以指定正多边形内接圆半径的方式来绘制多边形。

◆ 外切于圆（C）：以指定正多边形外切圆半径的方式来绘制多边形。

4.4 创建曲线型对象

曲线型对象相对于直线对象而言绘制起来更复杂些，一般需要确定圆心、角度等多个参数。本节将分别向读者介绍曲线型对象的绘制方法。

4.4.1 绘制圆

在 AutoCAD 2017 中，可以使用多种方式绘制圆。

	素材文件	光盘 \ 素材 \ 第 4 章 \ 会客区 .dwg
	效果文件	光盘 \ 效果 \ 第 4 章 \ 会客区 .dwg
	视频文件	光盘 \ 视频 \ 第 4 章 \4.4.1 绘制圆 .mp4

步骤 01 按【Ctrl + O】组合键，打开素材图形，如图4-33所示。

步骤 02 在"功能区"选项板的"默认"选项卡中，单击"绘图"面板中的"圆"按钮，在弹出的下拉列表中单击"圆心，半径"按钮，如图4-34所示。

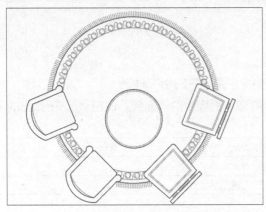

图 4-33 素材图形

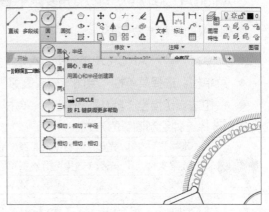

图 4-34 单击"圆心，半径"按钮

执行"圆"命令后，命令行中提示如下。

指定圆的圆心或 [三点 (3P)/ 两点 (2P)/ 切点、切点、半径 (T)]:

命令行中各选项含义如下。

◆ 三点（3P）：通过选择通过圆上的 3 点来绘制圆，系统会提示指定圆上的第一、第二和第三点。

◆ 两点（2P）：通过两点方式绘制圆，系统会提示指定圆半径的起点和端点。

◆ 切点、起点、半径（T）：通过与两个其他对象的切点和半径值绘制圆。

步骤 03 在命令行提示下，在圆心点上单击鼠标左键，指定该圆心点作为新绘制的圆的圆心，输入半径值540，按【Enter】键确认，即可创建圆对象，效果如图4-35所示。

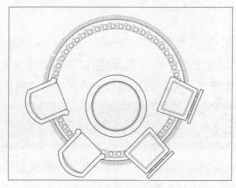

图 4-35 创建圆

> **专家提醒**
>
> 创建圆的 3 种方法如下。
>
> ● 命令行：输入 CIRCLE（快捷命令：C）命令。
> ● 菜单栏：选择菜单栏"绘图"→"圆"命令子菜单中的相应命令。
> ● 按钮法：切换至"默认"选项卡，单击"绘图"面板中的"圆"按钮 ⊙，在弹出的下拉列表中选择一种绘制圆的方式。

4.4.2 绘制圆弧

在 AutoCAD 2017 中，可以使用多种方式绘制圆弧。

绘制圆弧的 3 种方法如下。

◆ 命令行：输入 ARC（快捷命令：A）命令。
◆ 菜单栏：选择菜单栏"绘图"→"圆弧"命令子菜单中的相应命令。
◆ 按钮法：切换至"默认"选项卡，单击"绘图"面板中的"圆弧"按钮 ⌒，在弹出的下拉列表中选择一种绘制圆弧的方式。

素材文件	光盘 \ 素材 \ 第 4 章 \ 吊钩 .dwg
效果文件	光盘 \ 效果 \ 第 4 章 \ 吊钩 .dwg
视频文件	光盘 \ 视频 \ 第 4 章 \4.4.2 绘制圆弧 .mp4

步骤 01 按【Ctrl+O】组合键，打开素材图形，如图4-36所示。

步骤 02 在"默认"选项卡中单击"绘图"面板中的"圆弧"按钮 ⌒，在弹出的下拉列表中单击"三点"按钮 ⌒，如图4-37所示。

执行"圆弧"命令后，命令行提示如下。

指定圆弧的起点或 [圆心 (C)]：（指定圆弧的起点）

指定圆弧的第二个点或 [圆心 (C)/ 端点 (E)]：（指定圆弧的第二点）

指定圆弧的端点：（指定圆弧的末端点）

命令行各选项含义如下。

◆ 圆心（C）：指定圆弧所在圆的圆心。
◆ 端点（E）：指定圆弧端点。

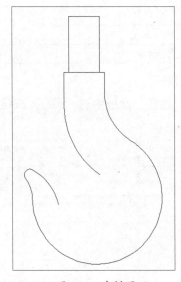

图 4-36 素材图形

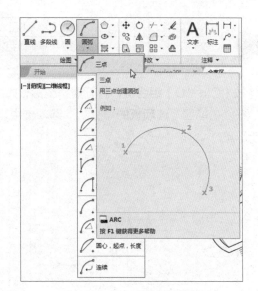

图 4-37 单击"三点"按钮

步骤 03 捕捉合适的端点；输入（@39，-30），按【Enter】键确认，并捕捉另一个端点，如图4-38所示。

步骤 04 执行操作后，即可创建圆弧，效果如图4-39所示。

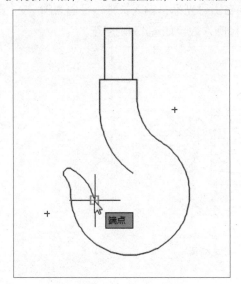

图 4-38 捕捉合适的端点

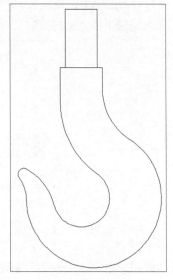

图 4-39 绘制圆弧

4.4.3 绘制椭圆

在 AutoCAD 2017 中，椭圆也是工程制图中常见的一种平面图形，它是由距离两个定点的长度之和为定值的点组成的。

绘制椭圆的 3 种方法如下。

◆ 命令行：输入 ELLIPSE（快捷命令：EL）命令。

◆ 菜单栏：选择菜单栏中的"绘图"→"椭圆"菜单命令的子命令。

◆ 按钮法：切换至"默认"选项卡，单击"绘图"面板中的"圆心"按钮 ⬭。

素材文件	光盘\素材\第4章\U盘.dwg
效果文件	光盘\效果\第4章\U盘.dwg
视频文件	光盘\视频\第4章\4.4.3 绘制椭圆.mp4

步骤01 按【Ctrl+O】组合键，打开素材图形，如图4-40所示。

步骤02 在"功能区"选项板的"默认"选项卡中，单击"绘图"面板中的"圆心"按钮，如图4-41所示。

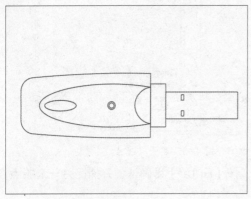

图 4-40 素材图形

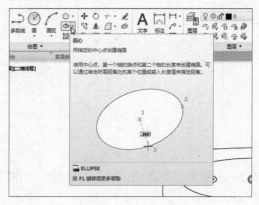

图 4-41 单击"圆心"按钮

步骤03 在命令行提示下，捕捉合适的端点，向右引导光标，输入长轴半径值为8，按【Enter】键确认，输入短轴半径为3.4并确认，即可创建椭圆，效果如图4-42所示。

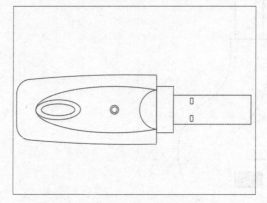

图 4-42 创建椭圆

执行"椭圆"命令后，命令行提示如下。

指定椭圆的轴端点或 [圆弧 (A)/ 中心点 (C)]：（用于指定第一个轴端点）

指定轴的另一个端点：（用于指定第二个轴端点）

指定另一条半轴长度或 [旋转 (R)]：（指定另一条半轴长度，或输入 R 选项）

命令行中各选项含义如下。

◆ 圆弧（A）：绘制一段椭圆弧，第一条轴的角度决定了椭圆弧的角度，第一条轴即可定义椭圆弧的长轴，也可以定义椭圆弧的短轴。

◆ 中心点（C）：通过指定椭圆的中心点绘制椭圆。

◆ 旋转（R）：通过绕第一条轴旋转，定义椭圆的长轴和短轴比例。

在几何学中，一个椭圆由两个轴定义，其中较长的轴称为长轴，较短的轴称为短轴。用户在绘制椭圆时，系统会根据它们的相对长度自动确定椭圆的长轴和短轴。

4.4.4 绘制圆环

圆环是填充环或实体填充圆，即带有宽度的闭合多段线。绘制圆环的 3 种方法如下。

◆ 命令行：输入 DONUT 命令。

◆ 菜单栏：选择菜单栏中的"绘图"→"圆环"命令。

◆ 按钮法：切换至"默认"选项卡，单击"绘图"面板中的"圆环"按钮 ◎。

素材文件	光盘 \ 素材 \ 第 4 章 \ 洗衣机 .dwg	
效果文件	光盘 \ 效果 \ 第 4 章 \ 洗衣机 .dwg	
视频文件	光盘 \ 视频 \ 第 4 章 \4.4.4 绘制圆环 .mp4	

步骤 01 按【Ctrl + O】组合键，打开素材图形，如图4-43所示。

步骤 02 在"功能区"选项板的"默认"选项卡中，单击"绘图"面板中的"圆环"按钮，如图4-44所示。

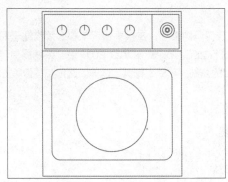

图 4-43 素材图形

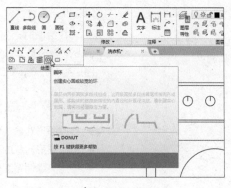

图 4-44 单击"圆环"按钮

步骤 03 在命令行提示下，输入圆环的内径为50，按【Enter】键确认，输入圆环外径为80并按【Enter】键确认。

步骤 04 用鼠标拾取外圆中心点作为洗衣机的圆环，如图4-45所示。

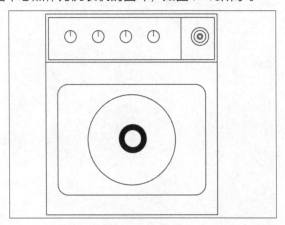

图 4-45 创建圆环

05
Chapter

修改二维图形对象

学前提示

在绘图时，为了获得所需图形，在很多情况下都必须借助于图形编辑命令对图形基本对象进行加工。在AutoCAD 2017中，系统提供了丰富的图形编辑命令，如图形的复制、移动、修剪、延伸、圆角和镜像等。

本章教学目标

- 修改图形对象的位置
- 修改图形对象的形状
- 使用夹点编辑图形对象

学完本章后你会做什么

- 掌握修改图形对象位置的操作，如选择颜色对象、移动对象等
- 掌握修改图形对象形状的操作，如缩放、旋转、拉伸图形等
- 掌握夹点编辑图形对象的操作，如夹点拉伸、镜像、旋转图形等

视 频 演 示

5.1 修改图形对象的位置

如果准备对图形对象进行编辑，首选需要选择图形对象。本节将介绍选择对象的操作方法，包括过滤选择和快速选择对象。

5.1.1 快速选择颜色对象

当需要选择具有某些特性的对象时，可以通过"快速选择"命令进行选择。

快速选择对象的 3 种方法如下。

◆ 命令行：输入 QSELECT 命令。

◆ 菜单栏：选择菜单栏中的"工具"→"快速选择"命令。

◆ 按钮法：切换至"默认"选项卡，单击"实用工具"面板中的"快速选择"按钮 。

素材文件	光盘 \ 素材 \ 第 5 章 \ 架子 .dwg
效果文件	无
视频文件	光盘 \ 视频 \ 第 5 章 \5.1.1 快速选择颜色对象 .mp4

步骤 01 按【Ctrl＋O】组合键，打开素材图形，如图5-1所示。

步骤 02 在"功能区"选项板的"默认"选项卡中，单击"实用工具"面板中的"快速选择"按钮。

步骤 03 弹出"快速选择"对话框，在"特性"列表框中选择"颜色"选项，在"值"列表框中选择"青"选项，如图5-2所示。

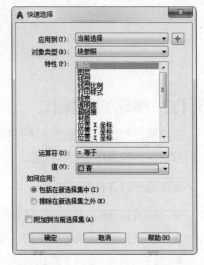

图 5-1 素材图形　　　　图 5-2 "快速选择"对话框

在"快速选择"对话框中，各选项的含义如下。

◆ "应用到"下拉列表框：将过滤条件应用到整个图形或当前选择集。

◆ "选择对象"按钮：允许用户选择要对其应用过滤条件的对象。

◆ "对象类型"下拉列表框：指定要包含在过滤条件中的对象类型。

◆ "特性"列表：指定过滤器的对象特性。此列表包括选定对象类型的所有可搜索的特性。

◆ "运算符"下拉列表框：控制过滤的范围。

◆ "值"下拉列表框：指定过滤器的特性值。

◆ "如何应用"选项区：指定是将符合给定过滤条件的对象"包括在新选择集中"还是"排除在新选择集之外"。选择"包括在新选择集中"将创建其中只包含符合过滤条件的对象的新选择集。选择"排除在新选择集之外"将创建其中只包含不符合过滤条件的对象的新选择集。

◆ "附加到当前选择集"复选框：指定是由 QSELECT 命令创建的选择集替换还是附加到当前选择集。

步骤 04 单击"确定"按钮，即可快速选择对象，如图5-3所示。

图 5-3 快速选择对象

5.1.2 移动图形操作

在绘制图形时，若遇到绘制图形的位置错误时，则可以使用"移动"命令，将单个或多个图形对象从当前位置移动到新位置。

移动图形的 3 种方法如下。

◆ 命令行：输入 MOVE（快捷命令：M）命令。

◆ 菜单栏：选择菜单栏中的"修改"→"移动"命令。

◆ 按钮法：切换至"默认"选项卡，单击"修改"面板中的"移动"按钮 ✛ 。

	素材文件	光盘 \ 素材 \ 第 5 章 \ 办公桌 .dwg
	效果文件	光盘 \ 效果 \ 第 5 章 \ 办公桌 .dwg
	视频文件	光盘 \ 视频 \ 第 5 章 \5.1.2 移动图形操作 .mp4

步骤 01 按【Ctrl＋O】组合键，打开素材图形，如图5-4所示。

步骤 02 在"功能区"选项板的"默认"选项卡中，单击"修改"面板中的"移动"按钮 ✛ ，如图5-5所示。

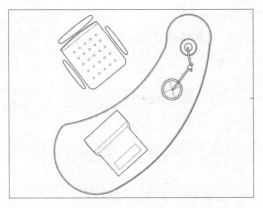

图 5-4 素材图形

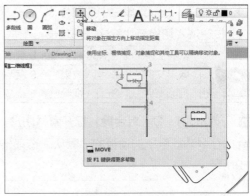

图 5-5 单击"移动"按钮

步骤 03 在命令行提示下，选择绘图区椅子图形对象为移动对象，按【Enter】键确认，捕捉右上方合适的端点，效果如图5-6所示。

步骤 04 向右下方引导光标，输入170，按【Enter】键确认，即可移动图形，效果如图5-7所示。

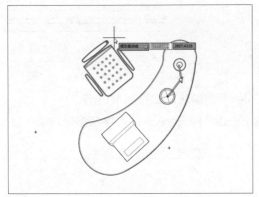

图 5-6 捕捉合适端点

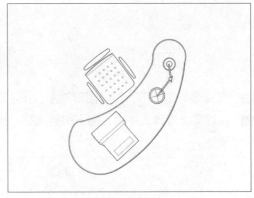

图 5-7 移动图形

执行"移动"命令后，命令行提示如下。

选择对象：（使用鼠标在绘图区内选择需要移动的图形对象，按【Enter】键确认）

指定基点或 [位移 (D)] < 位移 >：（使用鼠标在绘图区内指定移动基点）

指定第二个点或 < 使用第一个点作为位移 >：（使用鼠标指定对象移动的目标位置或使用键盘输入对象位移位置，完成操作后，按【Esc】键或空格键结束操作）

专家提醒

在移动对象时，对象的位置发生改变，但方向和大小不变。

5.1.3 复制图形对象

使用"复制"命令，可以一次复制出一个或多个相同的对象，使复制更加方便、快捷。

复制图形的 3 种方法如下。

◆ 命令行：输入 COPY（快捷命令：CO）命令。

◆ 菜单栏：选择菜单栏中的"修改"→"复制"命令。

◆ 按钮法：切换至"默认"选项卡，单击"修改"面板中的"复制"按钮 🖼

素材文件	光盘 \ 素材 \ 第 5 章 \ 栅栏 .dwg
效果文件	光盘 \ 效果 \ 第 5 章 \ 栅栏 .dwg
视频文件	光盘 \ 视频 \ 第 5 章 \5.1.3 复制图形对象 .mp4

步骤 01 按【Ctrl+O】组合键，打开素材图形，如图5-8所示。

步骤 02 在"功能区"选项板的"默认"选项卡中，单击"修改"面板中的"复制"按钮 🖼，如图5-9所示。

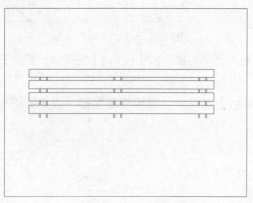

图 5-8 素材图形　　　　　　　　　图 5-9 单击"复制"按钮

步骤 03 在命令行提示下，选择图形对象，按【Enter】键确认，如图5-10所示。

步骤 04 捕捉最上方直线中点，向下引导光标，按【Enter】键确认，即可复制图形对象，效果如图5-11所示。

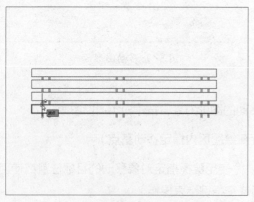

图 5-10 选择图形对象　　　　　　　图 5-11 复制图形

执行"复制"命令后，命令行中的提示如下。

选择对象：（用鼠标在绘图区内选择需要复制的对象，按【Enter】键确认）

指定基点或者 [位移 (D)/ 模式 (O)]< 位移 >：（使用鼠标，在绘图区内选择一点作为复制移动基点）

指定第二个点或 [阵列 (A)]< 使用第一个点作为位移 >：（用鼠标在绘图区选择目标点）

指定第二个点或 [阵列 (A)/ 退出 (E)/ 放弃 (U)] < 退出 >：（指定第二次复制的目标点，或按【Enter】键确认结束操作）

命令行中各选项含义如下。

◆ 位移（D）：直接输入位移值，表示以选择对象时的拾取点为基准，以拾取点坐标为移动方向，纵横比移动指定位移后确定的点为基点。

◆ 模式（O）：确定控制命令的复制模式。选择该选项后，命令行中将提示"输入复制模式选项 [单个 (S)/ 多个 (M)] < 多个 >:"。"单个 (S)"选项，表示创建选定对象的单个副本；"多个 (M)"选项，替代"单个"模式设置。

◆ 阵列（A）：指定在线性阵列中排列的副本数量。

专家提醒

复制图形对象是指在原图形对象上创建一个与之相同或相似的图形，并放置在指定的位置。

5.1.4 偏移图形操作

在 AutoCAD 2017 中，使用"偏移"命令，可以使图形对象以指定的距离进行偏移复制处理。偏移的对象包括有对直线、圆弧、圆、椭圆、椭圆弧、二维多段线、构造线、射线和样条曲线等。

偏移图形的 3 种方法如下。

◆ 命令行：输入 OFFSET（快捷命令：O）命令。
◆ 菜单栏：选择菜单栏中的"修改"→"偏移"命令。
◆ 按钮法：切换至"默认"选项卡，单击"修改"面板中的"偏移"按钮。

	素材文件	光盘 \ 素材 \ 第 5 章 \ 衣柜 .dwg
	效果文件	光盘 \ 效果 \ 第 5 章 \ 衣柜 .dwg
	视频文件	光盘 \ 视频 \ 第 5 章 \5.1.4 偏移图形操作 .mp4

步骤 01　按【Ctrl + O】组合键，打开素材图形，如图5-12所示。

步骤 02　在"功能区"选项板的"默认"选项卡中，单击"修改"面板中的"偏移"按钮，如图5-13所示。

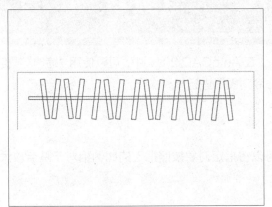

图 5-12　素材图形

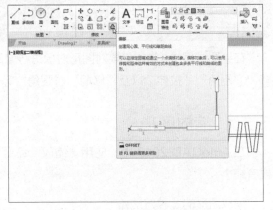

图 5-13　单击"偏移"按钮

步骤 03　在命令行提示下，输入偏移距离为600，按【Enter】键确认，如图5-14所示。

步骤 04　选择水平直线作为偏移对象，在图形下方单击鼠标左键并确认，即可偏移图形，如图5-15所示。

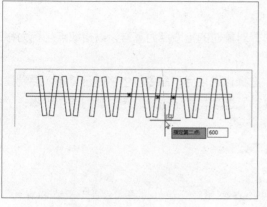

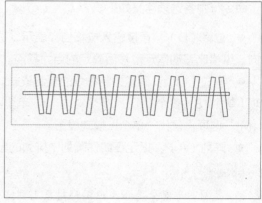

图 5-14　输入偏移图形的距离　　　　　　　　　　　图 5-15　偏移图形

执行"偏移"命令后，命令行中的提示如下。

当前设置：删除源 = 否　图层 = 源　OFFSETGAPTYPE=0

指定偏移距离或 [通过 (T)/ 删除 (E)/ 图层 (L)] < 通过 >：（输入偏移的距离值）

选择要偏移的对象，或 [退出 (E)/ 放弃 (U)] < 退出 >：（选择需要偏移的图像对象，按【Enter】键确认）

指定要偏移的那一侧上的点，或者 [退出 (E)/ 多个 (M)/ 放弃 (U)] < 退出 >：（指定偏移的方向）

命令行中各选项含义如下。

◆　通过（T）：选择该选项后，可以创建通过指定点的对象。

◆　删除（E）：选择该选项后，即可控制在进行偏移操作时是否删除源图形对象。

◆　图层（L）：该选项用于可以设置偏移后的图形对象的特性是匹配于图形对象所在图层还是匹配于当前图层。当选择"图层"选项后，在命令行提示下，可以输入 C（当前图层）或 S（源图层）选项确定要偏移的图层。

◆　多个（M）：选择该偏移模式后，将使用当前偏移距离重复进行偏移操作。

5.2　修改图形对象的形状

在绘图过程中，常常需要对图形对象进行修改。在 AutoCAD 2017 中，可以使用"缩放""旋转""倒角""拉伸"以及"修剪""圆角"等命令对图形进行修改操作。

5.2.1　缩放图形

在 AutoCAD 2017 中，使用"缩放"命令可以将指定对象按照指定的比例相对于基点放大或者缩小。

缩放图形的 3 种方法如下。

◆　命令行：输入 SCALE（快捷命令：SC）命令。

◆　菜单栏：选择菜单栏中的"修改"→"缩放"命令。

◆　按钮法：切换至"默认"选项卡，单击"修改"面板中的"缩放"按钮。

	素材文件	光盘\素材\第5章\餐桌.dwg
	效果文件	光盘\效果\第5章\餐桌.dwg
	视频文件	光盘\视频\第5章\5.2.1 缩放图形.mp4

步骤01 按【Ctrl＋O】组合键，打开素材图形，如图5-16所示。

步骤02 在"功能区"选项板的"默认"选项卡中，单击"修改"面板中的"缩放"按钮，如图5-17所示。

图 5-16 素材图形

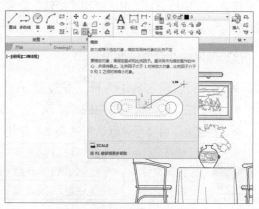

图 5-17 单击"缩放"按钮

步骤03 在命令行提示下，选择选择桌上的花瓶为对象，按【Enter】键确认，效果如图5-18所示。

步骤04 指定一个点为基点，输入缩放比例为2，按【Enter】键确认，即可缩放图形，效果如图5-19所示。

图 5-18 选择图形对象

图 5-19 缩放图形

执行"缩放"命令后，命令行提示如下。

选择对象：（选择需要缩放的图形对象，按【Enter】键确认）

指定基点：（指定缩放基点）

指定比例因子或 [复制 (C)/ 参照 (R)]：（指定缩放比例）

命令行中各选项含义如下。

◆ 复制（C）：创建要缩放的选定对象的副本。

◆ 参照（R）：按参照长度和指定的新长度缩放所选对象。

专家提醒

　　缩放图形对象时，还可以使用"参照（R）"选项来指定缩放比例，这种方法多用于不清楚缩放比例，但清楚原图形对象以及目标对象的尺寸的情况。

5.2.2　旋转图形

　　在 AutoCAD 2017 中，使用"旋转"命令，可以将图形对象绕基点按指定的角度进行旋转。在旋转后，其大小不会发生任何改变。

　　旋转图形的 3 种方法如下。

- ◆ 命令行：输入 ROTATE（快捷命令：RO）命令。
- ◆ 菜单栏：选择菜单栏中的"修改"→"旋转"命令。
- ◆ 按钮法：切换至"默认"选项卡，单击"修改"面板中的"旋转"按钮 。

	素材文件	光盘＼素材＼第 5 章＼指北针 .dwg
	效果文件	光盘＼效果＼第 5 章＼指北针 .dwg
	视频文件	光盘＼视频＼第 5 章＼5.2.2 旋转图形 .mp4

步骤 01　按【Ctrl＋O】组合键，打开素材图形，如图5-20所示。

步骤 02　在"功能区"选项板的"默认"选项卡中，单击"修改"面板中的"旋转"按钮，如图5-21所示。

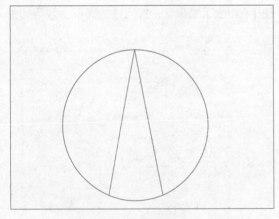

图 5-20　素材图形

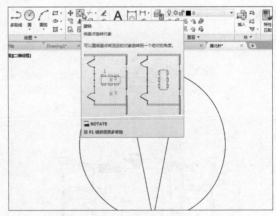

图 5-21　单击"旋转"按钮

专家提醒

　　使用"旋转"命令旋转视口对象时，视口的边框仍然保持与绘图区域的边界平行。

　　执行"旋转"命令后，命令行提示如下。

　　选择对象：（选择需要旋转的图形对象，按【Enter】键确认）

　　指定基点：（在绘图区中指定旋转基点）

　　指定旋转角度，或 [复制 (C)/ 参照 (R)] <0>：（输入旋转角度数值，或者直接用鼠标旋转一定的角度）

　　命令行中各选项含义如下。

◆ 复制（C）：创建要旋转对象的副本。

◆ 参照（R）：将对象从指定的角度旋转到新的绝对角度。

步骤 03 在命令行提示下，选择所有图形，按【Enter】键确认，效果如图5-22所示。

步骤 04 捕捉圆心点，设置旋转角度为180°并确认，即可以旋转图形，效果如图5-23所示。

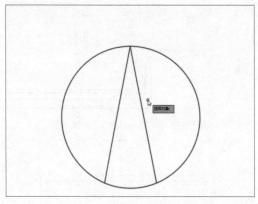 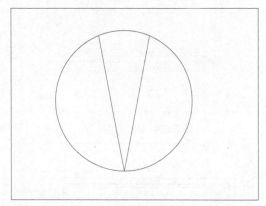

图 5-22 选择所有对象　　　　　　　　　图 5-23 旋转图形

专家提醒

使用"旋转"命令旋转图形对象，在指定旋转角度时，若输入的旋转角度为正，则图形将做逆时针方向旋转；若输入的角度为负，则图形将做顺时针方向旋转。

5.2.3 拉伸图形

在 AutoCAD 2017 中，使用"拉伸"命令，可以对图形对象进行拉伸和压缩，从而改变图形对象的大小。

拉伸图形的 3 种方法如下。

◆ 命令行：输入 STRETCH（快捷命令：S）命令。

◆ 菜单栏：选择菜单栏中的"修改"→"拉伸"命令。

◆ 按钮法：切换至"默认"选项卡，单击"修改"面板中的"拉伸"按钮 。

	素材文件	光盘 \ 素材 \ 第 5 章 \ 电视机平面 .dwg
	效果文件	光盘 \ 效果 \ 第 5 章 \ 电视机平面 .dwg
	视频文件	光盘 \ 视频 \ 第 5 章 \5.2.3 拉伸图形 .mp4

步骤 01 按【Ctrl＋O】组合键，打开素材图形，如图5-24所示。

步骤 02 在"功能区"选项板的"默认"选项卡中，单击"修改"面板中的"拉伸"按钮，如图5-25所示。

步骤 03 在命令行的提示下，选择相应的对象，进行拉伸，输入数值200，如图5-26所示。

步骤 04 按【Enter】键确认，捕捉右下方端点为基点，向右引导光标，至合适位置后单击，即可完成对象的拉伸，如图5-27所示。

专家提醒

拉伸图形时，选定的图形对象将被移动，如果选定的图形对象与原图形相连接，那么拉伸的图形保持与原图形的连接关系。

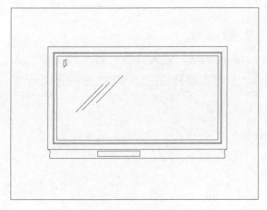

图 5-24 素材图形

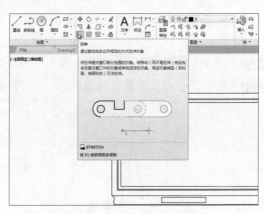

图 5-25 单击"拉伸"按钮

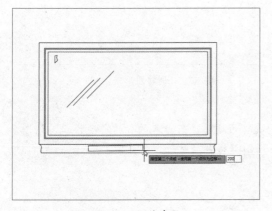

图 5-26 输入拉伸参数

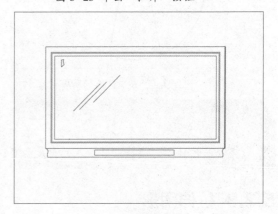

图 5-27 拉伸图形

5.2.4 倒角图形

使用"倒角"命令,可以将对象的某些尖锐角变成一个倾斜的面,倒角连接两个对象,使它们以平角或倒角连接。

倒角图形的 3 种方法如下。

◆ 命令行:输入 CHAMFER(快捷命令:CHA)命令。

◆ 菜单栏:选择菜单栏中的"修改"→"倒角"命令。

◆ 按钮法:切换至"默认"选项卡,单击"修改"面板中的"倒角"按钮 ▱。

素材文件	光盘 \ 素材 \ 第 5 章 \ 餐桌平面 .dwg
效果文件	光盘 \ 效果 \ 第 5 章 \ 餐桌平面 .dwg
视频文件	光盘 \ 视频 \ 第 5 章 \5.2.4 倒角图形 .mp4

步骤 01 按【Ctrl+O】组合键,打开素材图形,如图5-28所示。

步骤 02 在"功能区"选项板的"默认"选项卡中,单击"修改"面板中的"倒角"按钮,如图5-29所示。

专家提醒

倒角处理的图形对象可以相交,也可以不相交,还可以平行,倒角处理的图形对象可以是直线、多段线、射线、样条曲线和构造线等。

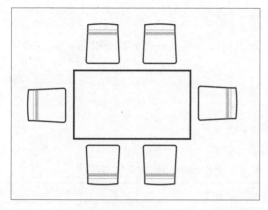

图 5-28 素材图形

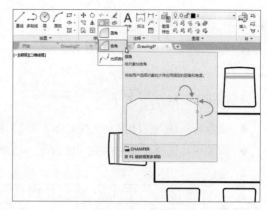

图 5-29 单击"倒角"按钮

步骤 03 在命令行提示下，输入D（距离）选项，按【Enter】键确认，设置"第一个倒角距离"和"第二个倒角距离"均为20，依次选择最上方的水平直线与最右侧垂直直线为倒角对象，效果如图5-30所示。

步骤 04 采用同样的方法，依次选择最上方直线与其左侧垂直直线，对其进行倒角处理，下方直线也采取同样操作，重复操作过后，效果如图5-31所示。

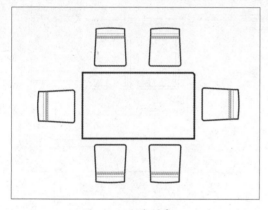

图 5-30 倒角对象

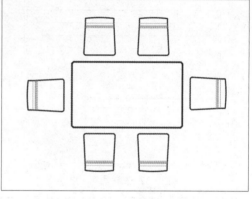

图 5-31 倒角其他对象

执行"倒角"命令后，命令行提示如下。

选择第一条直线或 [放弃 (U)/ 多段线 (P)/ 距离 (D)/ 角度 (A)/ 修剪 (T)/ 方式 (E)/ 多个 (M)]:（选择第一条直线或后面选项）

选择第二条直线，或按住 Shift 键选择直线以应用角点或 [距离 (D)/ 角度 (A)/ 方法 (M)]:（选择第二条直线）

命令行中各选项含义如下。

◆ 多段线（P）：可以对整个二维多段线倒角。
◆ 距离（D）：设定倒角至选定边端点的距离。
◆ 角度（A）：用第一条线的倒角距离和倒角角度进行倒角。
◆ 修剪（T）：控制是否将选定的边修剪到倒角直线的端点。
◆ 方式（E）：控制是使用两个距离还是一个距离和一个角度来创建倒角。
◆ 多个（M）：可以为多组对象的边倒角。

5.2.5 修剪图形

在 AutoCAD 2017 中，使用"修剪"命令，可以精确地将某一个对象终止在由其他对象定义的边界处。

修剪图形的 3 种方法如下。

◆ 命令行：输入 TRIM（快捷命令：TR）命令。

◆ 菜单栏：选择菜单栏中的"修改"→"修剪"命令。

◆ 按钮法：切换至"默认"选项卡，单击"修改"面板中的"修剪"按钮 -/-。

素材文件	光盘 \ 素材 \ 第 5 章 \ 门剖面图 .dwg	
效果文件	光盘 \ 效果 \ 第 5 章 \ 门剖面图 .dwg	
视频文件	光盘 \ 视频 \ 第 5 章 \5.2.5 修剪图形 .mp4	

步骤 01 按【Ctrl + O】组合键，打开素材图形，如图5-32所示。

步骤 02 在"功能区"选项板的"默认"选项卡中，单击"修改"面板中的"修剪"按钮 -/-，如图5-33所示。

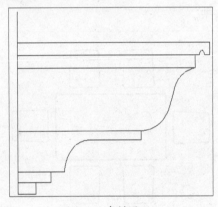

图 5-32 素材图形

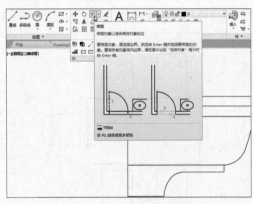

图 5-33 单击"修剪"按钮

执行"修剪"命令后，命令行中的提示如下。

当前设置：投影 =UCS，边 = 无

选择剪切边 ...

选择对象或 < 全部选择 >：（选择用作修剪边界的对象，按【Enter】键确认结束对象选择）

选择要修剪的对象，或按住【Shift】键选择要延伸的对象，或 [栏选 (F)/ 窗交 (C)/ 投影 (P)/ 边 (E)/ 删除 (R)/ 放弃 (U)]：

命令行中各选项含义如下。

◆ 栏选（F）：选择与选择栏相交的所有对象。

◆ 窗交（C）：选择矩形区域（由两点确定）内部或与之相交的对象。

◆ 投影（P）：用于指定修剪对象时使用的投影方式。

◆ 边（E）：确定对象是在另一对象的延长边处进行修剪，还是仅在三维空间中与该对象相交的对象处进行修剪。

◆ 删除（R）：删除选定的对象。此选项提供了一种用来删除不需要的对象的简便方式，利用这种简便的方式则无需退出 TRIM 命令。

步骤03 在命令行提示下，选择最上方水平直线，按【Enter】键确认，如图5-34所示。

步骤04 在绘图区中左侧垂直直线的上方单击鼠标左键，按【Enter】键确认，完成对象的修剪，如图5-35所示。

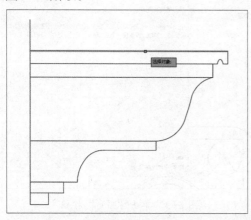

图 5-34 选择对象　　　　　　　　　　　　　　图 5-35 修剪图形

专家提醒

　　在修剪图形时，当提示选择剪切边时，按下【Enter】键确认，即可选择待修剪的对象。在修剪对象时将以最近的候选对象作为剪切边。

5.2.6 圆角图形

使用"圆角"命令，可以通过一个指定半径的圆弧光滑地将两个对象连接起来。

圆角图形的 3 种方法如下。

◆ 命令行：输入 FILLET（快捷命令：F）命令。

◆ 菜单栏：选择菜单栏中的"修改"→"圆角"命令。

◆ 按钮法：切换至"默认"选项卡，单击"修改"面板中的"圆角"按钮 🔲

素材文件	光盘 \ 素材 \ 第 5 章 \ 浴霸 .dwg
效果文件	光盘 \ 效果 \ 第 5 章 \ 浴霸 .dwg
视频文件	光盘 \ 视频 \ 第 5 章 \5.2.6 圆角图形 .mp4

步骤01 按【Ctrl＋O】组合键，打开素材图形，如图5-36所示。

步骤02 在"功能区"选项板的"默认"选项卡中，单击"修改"面板中的"圆角"按钮 🔲，如图5-37所示。

执行"圆角"命令后，命令行中的提示如下。

选择第一个对象或 [放弃 (U)/ 多段线 (P)/ 半径 (R)/ 修剪 (T)/ 多个 (M)]：

命令行各选项含义如下。

◆ 多段线（P）：在二维多段线中两条直线段相交的每个顶点处插入圆角圆弧。

◆ 半径（R）：选择该选项，可以定义圆角圆弧的半径。

◆ 修剪（T）：控制是否将选定的边修剪到圆角圆弧的端点。

◆ 多个（M）：选择该选项，可以为多个对象倒圆角。

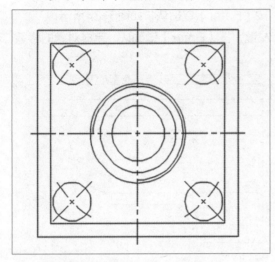

图 5-36 素材图形

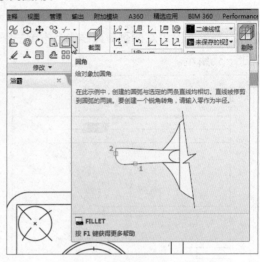

图 5-37 单击"圆角"按钮

步骤 03 在命令行提示下，输入R（半径）选项，如图5-38所示，按【Enter】键确认。

步骤 04 输入圆角半径为10，按【Enter】键确认；输入P（多段线）选项，选择外侧的矩形对象，按【Enter】键确认，即可对图形对象进行倒圆角操作，效果如图5-39所示。

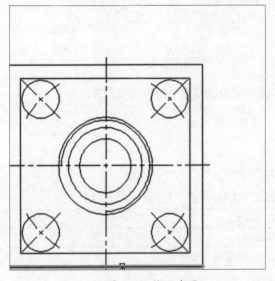

图 5-38 输入选项

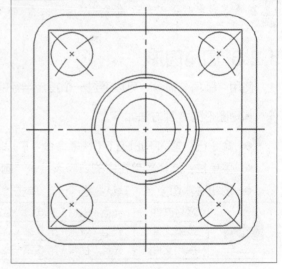

图 5-39 圆角图形

专家提醒

　　如果重复使用"圆角"命令，且圆角半径与上一步圆角操作时的半径一样的话，可以直接单击要倒圆角的两个边即可。

5.2.7 图形的延伸

　　在 AutoCAD 2017 中，使用"延伸"命令，可以延伸图形对象，使该图形对象与其他的图形对象相接或精确地延伸至选定对象定义的边界上。

　　延伸图形的 3 种方法如下。

◆ 命令行：输入 EXTEND（快捷命令：EX）命令。

◆ 菜单栏：选择菜单栏中的"修改"→"延伸"命令。

◆ 按钮法：切换至"默认"选项卡，单击"修改"面板中的"延伸"按钮 ⊣。

	素材文件	光盘\素材\第5章\门.dwg
	效果文件	光盘\效果\第5章\门.dwg
	视频文件	光盘\视频\第5章\5.2.7 图形的延伸.mp4

步骤 **01** 按【Ctrl＋O】组合键，打开素材图形，如图5-40所示。

步骤 **02** 在"功能区"选项板的"默认"选项卡中，单击"修改"面板中的"延伸"按钮 ⊣。在命令行提示下，选择最上方直线作为边界的边，按【Enter】键确认。依次选择门的左、右两条竖直直线作为要延伸的边，按【Enter】键确认，即可延伸左、右两条竖直直线至最下方直线，效果如图5-41所示。

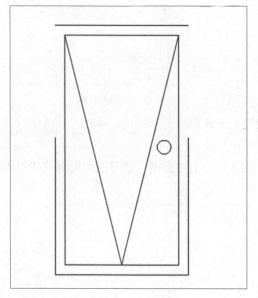

图 5-40 素材图形

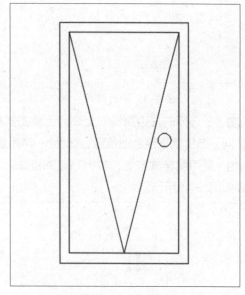

图 5-41 延伸图形

专家提醒

使用延伸命令时，一次可以选择多个实体作为边界，选择被延伸实体时应点取靠近边界的一端，否则会出现错误。

5.3 使用夹点编辑图形对象

夹点实际上就是对象上的控制点。在 AutoCAD 中，夹点是一些实心的小方块，默认为蓝色显示。利用 AutoCAD 2017 中的夹点功能，可以对图形对象进行拉伸、移动、镜像、旋转以及缩放等编辑操作。

5.3.1 运用夹点拉伸图形

默认情况下，夹点的操作模式为拉伸，因此通过移动选择的夹点，可以将图形对象拉伸到新的位置。

素材文件	光盘 \ 素材 \ 第 5 章 \ 休闲椅 .dwg
效果文件	光盘 \ 效果 \ 第 5 章 \ 休闲椅 .dwg
视频文件	光盘 \ 视频 \ 第 5 章 \5.3.1 运用夹点拉伸图形 .mp4

步骤 01 按【Ctrl + O】组合键，打开素材图形，如图5-42所示。

步骤 02 在绘图区内依次选择图形中间的两条竖直线，使之成为夹点状态，如图5-43所示。

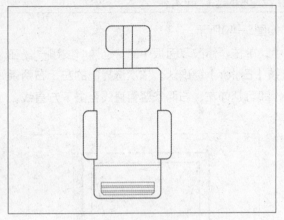

图 5-42 素材图形

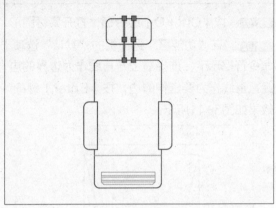

图 5-43 夹点状态

步骤 03 在选择的左边直线的上端点上单击鼠标左键，进入默认的"拉伸"模式，在命令行提示下，向下拖曳鼠标至合适位置，如图5-44所示。

步骤 04 采用同样的方法，拉伸右边的直线对象，按【Esc】键退出，即可使用夹点拉伸对象，效果如图5-45所示。

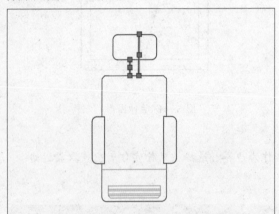

图 5-44 移动夹点

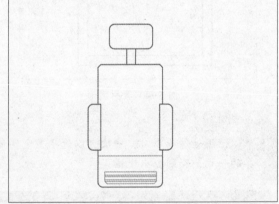

图 5-45 夹点拉伸对象

专家提醒

命令行中的"指定拉伸点"是指要求确定对象被拉伸以后的基点新位置，其为默认项，用户可以通过输入点的坐标或直接拾取点的方式确定。

5.3.2 运用夹点移动图形

使用夹点移动对象，可将对象从当前位置移动到新位置，还可以进行多次复制。

素材文件	光盘 \ 素材 \ 第 5 章 \ 地面拼花 .dwg	
效果文件	光盘 \ 效果 \ 第 5 章 \ 地面拼花 .dwg	
视频文件	光盘 \ 视频 \ 第 5 章 \5.3.2 运用夹点移动图形 .mp4	

步骤 **01** 按【Ctrl + O】组合键，打开素材图形，如图5-46所示。

步骤 **02** 在绘图区中选择右侧小圆对象，使之呈夹点状态，如图5-47所示。

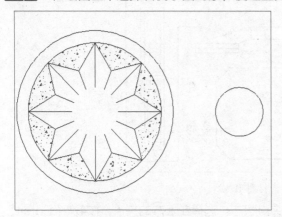

图 5-46 素材图形

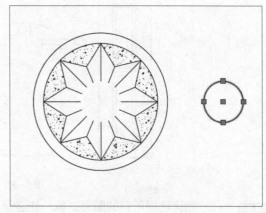

图 5-47 夹点状态

步骤 **03** 选择中间的夹点，按【Enter】键确认，进入"移动"模式，移动光标至左侧的圆心处，如图5-48所示。

步骤 **04** 单击确定目标点的位置，并按【Esc】键结束命令，即可使用夹点移动对象，如图5-49所示。

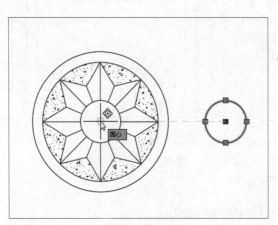

图 5-48 移动夹点

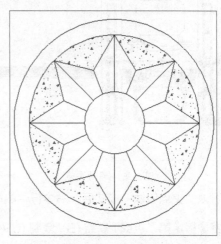

图 5-49 夹点移动对象

专家提醒

　　移动图形对象仅仅是位置上的平移，对象的方向和大小并不会随之改变。要精确地移动图形，可以使用捕捉、坐标、夹点和对象捕捉模式。

5.3.3 运用夹点镜像图形

　　使用夹点镜像对象，可将对象按指定的镜像线作为镜像变换，且镜像变换后删除源对象。

素材文件	光盘 \ 素材 \ 第 5 章 \ 健身器材 .dwg
效果文件	光盘 \ 效果 \ 第 5 章 \ 健身器材 .dwg
视频文件	光盘 \ 视频 \ 第 5 章 \5.3.3 运用夹点镜像图形 .mp4

步骤 01 按【Ctrl + O】组合键，打开素材图形，如图5-50所示。

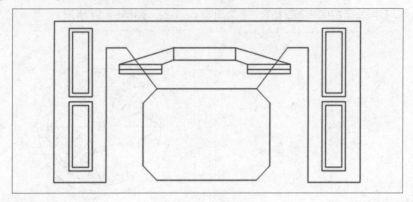

图 5-50 素材图形

步骤 02 在绘图区选择所有的图形对象，使之呈夹点状态。选择左上方的夹点，按4次【Enter】键确认，进入"镜像"模式，在命令行提示下，向右拖曳鼠标至合适位置，如图5-51所示。

步骤 03 捕捉右上方的端点，按【Esc】键退出，即可使用夹点镜像对象，效果如图5-52所示。

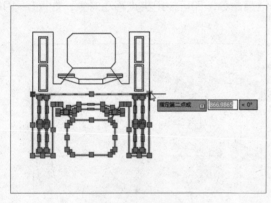

图 5-51 移动夹点

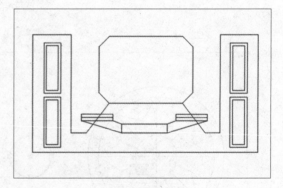

图 5-52 夹点镜像对象

进入"夹点镜像"模式后，命令行中的提示如下。

镜像指定第二点或 [基点 (B)/ 复制 (C)/ 放弃 (U)/ 退出 (X)]:

命令行中各选项含义如下。

◆ 基点（B）：重新确定镜像基点。

◆ 复制（C）：允许用户进行多次镜像复制操作。

◆ 放弃（U）：取消上一次的操作。

◆ 退出（X）：退出当前操作。

5.3.4 运用夹点旋转图形

使用夹点旋转对象，可将对象绕基点旋转，还可以进行多次旋转复制。

素材文件	光盘 \ 素材 \ 第 5 章 \ 休闲桌椅 .dwg
效果文件	光盘 \ 效果 \ 第 5 章 \ 休闲桌椅 .dwg
视频文件	光盘 \ 视频 \ 第 5 章 \5.3.4 运用夹点旋转图形 .mp4

步骤 01 按【Ctrl + O】组合键，打开素材图形，如图5-53所示。

步骤 02 在绘图区选择所有的图形对象，使之呈夹点状态，如图5-54所示。

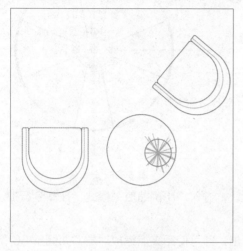

图 5-53 素材图形

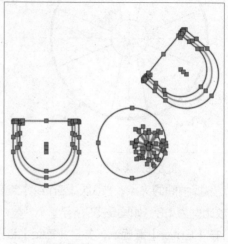

图 5-54 夹点状态

步骤 03 选择右上方的夹点，按两次【Enter】键确认，进入"旋转"模式，在命令行提示下，输入旋转角度为200°，如图5-55所示。

步骤 04 按【Enter】键确认，按【Esc】键退出，即可使用夹点旋转对象，如图5-56所示。

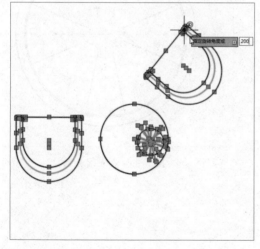

图 5-55 输入参数值

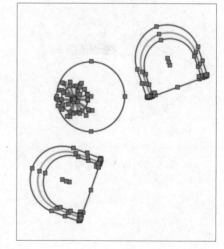

图 5-56 夹点旋转对象

5.3.5 运用夹点缩放图形

使用夹点缩放对象，可将对象相对于基点缩放，同时还可以进行多次复制。

素材文件	光盘 \ 素材 \ 第 5 章 \ 零部件 .dwg
效果文件	光盘 \ 效果 \ 第 5 章 \ 零部件 .dwg
视频文件	光盘 \ 视频 \ 第 5 章 \5.3.5 运用夹点缩放图形 .mp4

步骤01 按【Ctrl+O】组合键，打开素材图形，如图5-57所示。

步骤02 在绘图区选择小圆对象，使之呈夹点状态，如图5-58所示。

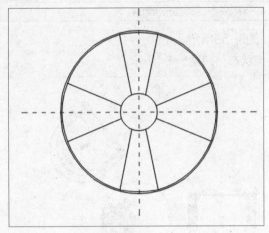

图 5-57 素材图形

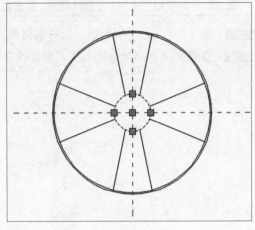

图 5-58 夹点状态

步骤03 选择中间的夹点，按3次【Enter】键确认，进入"比例缩放"模式，在命令行提示下，输入缩放比例为4.8，如图5-59所示。

步骤04 按【Enter】键确认，并按【Esc】键退出，即可使用夹点缩放对象，如图5-60所示。

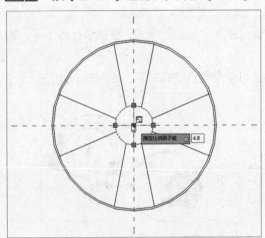

图 5-59 输入缩放比例

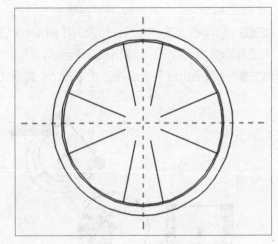

图 5-60 夹点缩放对象

06
Chapter

创建编辑面域图案

学前提示

在绘制高级图形时，经常需要用到面域和图案填充，它们对图形的表达和辅助绘图起着非常重要的作用。本章主要向读者介绍创建面域、布尔运算面域、创建图案填充以及编辑图案填充等操作方法，使用户能够快速地掌握面域和图案填充的基本操作。

本章教学目标

- 创建面域对象
- 布尔运算面域
- 创建图案填充
- 编辑图案填充

学完本章后你会做什么

- 掌握面域的创建操作，如运用"面域"命令和"边界"命令创建
- 掌握布尔运算面域的操作，如差集运算、并集运算、交集运算等
- 掌握创建图案填充的操作，如自定义填充、渐变色填充等

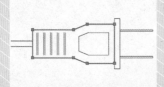

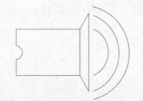

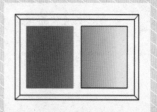

6.1 创建面域对象

面域是由封闭区域形成的二维实体对象，其边界可以由直线、多段线、圆、圆弧和椭圆等图形对象组成。

6.1.1 运用"面域"命令

面域的边界是由端点相连的曲线组成，曲线上的每个端点仅为连接两条边。在默认状态下进行面域转换时，可以使用面域创建的对象取代原来的对象，并删除原来的对象。

运用"面域"命令创建的 3 种方法如下。

◆ 命令行：输入 REGION（快捷命令：REG）命令。

◆ 菜单栏：选择菜单栏中的"绘图"→"面域"命令。

◆ 按钮法：切换至"默认"选项卡，单击"绘图"面板中的"面域"按钮 ◎ 。

	素材文件	光盘 \ 素材 \ 第 6 章 \ 墩座 .dwg
	效果文件	光盘 \ 效果 \ 第 6 章 \ 墩座 .dwg
	视频文件	光盘 \ 视频 \ 第 6 章 \6.1.1 运用"面域"命令 .mp4

步骤 01 按【Ctrl＋O】组合键，打开素材图形，如图6-1所示。

步骤 02 在"功能区"选项板的"默认"选项卡中，单击"绘图"面板中的"面域"按钮 ◎ ，如图6-2所示。

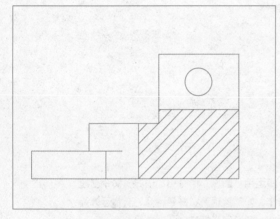

图 6-1 素材图形　　　　　　　　　图 6-2 单击"面域"按钮

步骤 03 在命令行提示下，选择内圆创建对象，按【Enter】键确认，如图6-3所示。

步骤 04 确认后即可创建面域。选择面域对象，查看面域效果，如图6-4所示。

专家提醒

在 AutoCAD 2017 中，面域可以用于以下 3 个方面。

● 应用于填充和着色；

● 使用"面域/质量特性"命令分析特性，如面积；

● 提取设计信息。

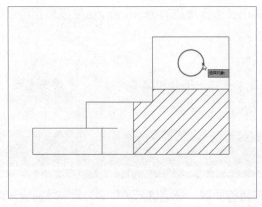

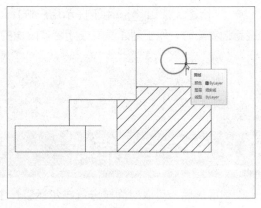

图 6-3 选择对象 　　　　　　　　　　图 6-4 查看面域效果

6.1.2 使用"边界"命令

使用"边界"命令既可以从任何一个闭合的区域创建一个多段线的边界或多个边界，也可以创建一个面域。

运用"边界"命令创建的 3 种方法如下。

◆ 命令行：输入 BOUNDARY（快捷命令：BO）命令。

◆ 菜单栏：选择菜单栏中的"绘图"→"边界"命令。

◆ 按钮法：切换至"默认"选项卡，单击"图案填充"。

采用上述任意一种方式执行操作后，将弹出"边界创建"对话框，如图 6-5 所示。该对话框中，各选项的含义如下。

图 6-5 "边界创建"对话框

◆ "拾取点"按钮 ▨：根据围绕指定点构成封闭区域的现有对象来确定边界。

◆ "孤岛检测"复选框：控制 boundary 是否检测内部闭合边界，该边界称为孤岛。

◆ "对象类型"下拉列表框：选择控制新边界对象的类型。

◆ "边界集"选项区：定义通过指定点定义边界时，boundary 要分析的对象集。

◆ "当前视口"列表框：用于根据当前视口范围中的所有对象定义边界集，选择此选项将放弃当前所有边界集。

◆ "新建"按钮 ：用于提示用户选择用来定义边界集的对象。boundary 仅包括可以在构造新边界集时，用于创建面域或闭合多段线的对象。

专家提醒

与"面域"命令不同，"边界"命令在创建边界时，不会删除原始对象，不需要考虑系统变量的设置，不管对象是共享一个端点，还是出现了相交。

6.2 布尔运算面域

创建面域后，可以对面域进行布尔运算，生成新的面域。在 AutoCAD 2017 中绘制图形时使用布尔运算，可以提高绘图效率，尤其是在绘制比较复杂的图形时。

6.2.1 面域并集运算操作

在 AutoCAD 2017 中，使用"并集"命令后，可以将两个面域执行并集操作，将其合并为一个面域。

并集运算面域的两种方法如下。

◆ 命令行：输入 UNION（快捷命令：UNI）命令。
◆ 菜单栏：选择菜单栏中的"修改"→"实体编辑"→"并集"命令。

	素材文件	光盘 \ 素材 \ 第 6 章 \ 插头 .dwg
	效果文件	光盘 \ 效果 \ 第 6 章 \ 插头 .dwg
	视频文件	光盘 \ 视频 \ 第 6 章 \6.2.1 面域并集运算操作 .mp4

步骤 01 按【Ctrl＋O】组合键，打开素材图形，如图6-6所示。

步骤 02 在命令行中输入UNION（并集）命令，按【Enter】键确认，在命令行提示下，选择部分图形对象，按【Enter】键确认，并集运算面域对象，效果如图6-7所示。

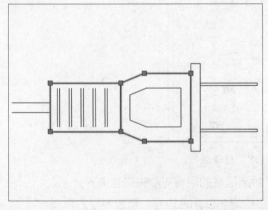

图 6-6 素材图形

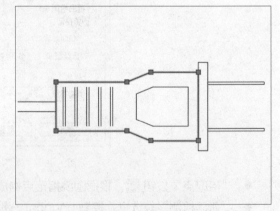

图 6-7 并集运算面域

专家提醒

在 AutoCAD 2017 中，对面域求并集后，如果所选面域并未相交，可以将所选面域合并为一个单独的面域。

6.2.2 面域差集的运算操作

在 AutoCAD 2017 中，使用"差集"命令可以将两个面域进行差集计算，以得到两个面域相减后的区域。

差集运算面域的两种方法如下。

◆ 命令行：输入 SUBTRACT（快捷命令：SU）命令。

◆ 菜单栏：选择菜单栏中的"修改"→"实体编辑"→"差集"命令。

	素材文件	光盘 \ 素材 \ 第 6 章 \ 扩音器 .dwg
	效果文件	光盘 \ 效果 \ 第 6 章 \ 扩音器 .dwg
	视频文件	光盘 \ 视频 \ 第 6 章 \6.2.2 面域差集的运算操作 .mp4

步骤 01　按【Ctrl＋O】组合键，打开素材图形，如图6-8所示。

步骤 02　在命令行中输入SUBTRACT（差集）命令，并按【Enter】键确认，如图6-9所示。

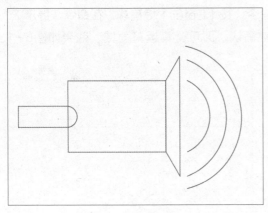

图 6-8　素材图形　　　　　　　　　　　　图 6-9　输入命令

步骤 03　在命令行提示下，选择中间的面域对象，按【Enter】键确认，图6-10所示。

步骤 04　选择左侧的面域，按【Enter】键确认，即可差集运算面域，如图6-11所示。

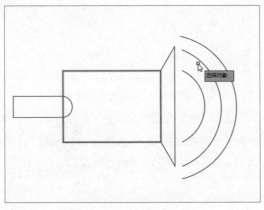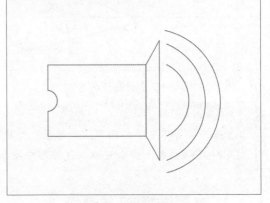

图 6-10　选择面域对象　　　　　　　　　　图 6-11　差集运算面域

专家提醒

在 AutoCAD 2017 中，用户在对面域进行差集运算时，需要选择两个相交的面域对象，才能差集运算。

6.2.3 面域交集运算的操作

在 AutoCAD 2017 中，通过"交集"命令，可以通过各面域对象的公共部分，创建出新的面域对象。用户在交集运算面域时，需要选择相交的面域对象，若面域不相交，将删除选择的所有面域。

交集运算面域的两种方法如下。

◆ 命令行：输入 INTERSECT（快捷命令：IN）命令。
◆ 菜单栏：选择菜单栏中的"修改"→"实体编辑"→"交集"命令。

	素材文件	光盘 \ 素材 \ 第 6 章 \ 机械零件 .dwg
	效果文件	光盘 \ 效果 \ 第 6 章 \ 机械零件 .dwg
	视频文件	光盘 \ 视频 \ 第 6 章 \6.2.3 面域交集运算的操作 .mp4

步骤 01 按【Ctrl＋O】组合键，打开素材图形，如图6-12所示。

步骤 02 在命令行中输入INTERSECT（交集）命令，按【Enter】键确认，在命令行提示下，依次选择大圆和梯形面域对象，按【Enter】键确认，即可交集运算面域，效果如图6-13所示。

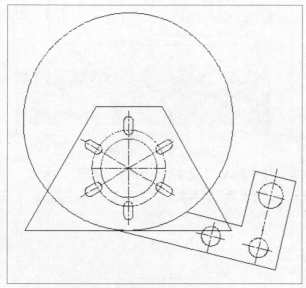

图 6-12 素材图形　　　　　　　　　　　　　　图 6-13 交集运算面域

专家提醒

如果在并不重叠的面域上执行了"交集"命令，则将删除面域并创建一个空面域，使用 UNDO（恢复）命令可以恢复图形中原来的面域。

6.2.4 提取面域数据操作

从表面上看，面域和一般的封闭线框没有区别，就像是一张没有厚度的纸。实际上，面域就是二维实体模型，它不但包含边的信息，还包含边界内的信息。在 AutoCAD 2017 中，用户可以通过以下两种方法提取面域数据。

素材文件	光盘 \ 素材 \ 第 6 章 \ 座椅平面 .dwg
效果文件	光盘 \ 效果 \ 第 6 章 \ 座椅平面 .mpr
视频文件	光盘 \ 视频 \ 第 6 章 \6.2.4 提取面域数据操作 .mp4

步骤 01 按【Ctrl + O】组合键，打开素材图形，如图6-14所示。

步骤 02 在命令行中输入MASSPROP（面域/质量特性）命令，按【Enter】键确认，在命令行提示下，选择面域，如图6-15所示。

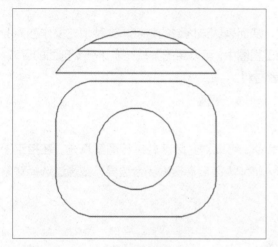

图 6-14 素材图形　　　　　　　　　　　图 6-15 选择面域对象

专家提醒

提取面域数据的两种方法如下。

● 命令行：输入 MASSPROP 命令。
● 菜单栏：选择菜单栏中的"工具"→"查询"→"面域 / 质量特性"命令。

步骤 03 按【Enter】键确认，弹出AutoCAD文本窗口，在命令行中输入Y（是）选项，如图6-16所示。

步骤 04 按【Enter】键确认，弹出"创建质量与面积特性文件"对话框，设置文件名和保存路径，如图6-17所示，单击"保存"按钮，即可提取面域数据。

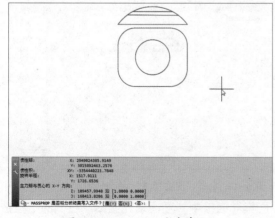

图 6-16 AutoCAD 文本窗口　　　　　　图 6-17 "创建质量与面积特性文件"对话框

6.3 创建图案填充

在绘制图形时，常常需要标识某一区域的意义或用途，如表现建筑表面的装饰纹理、颜色及地板的材质等；在地图中也常用不同的颜色与图案来区分不同的行政区域等。

6.3.1 图案填充的概述

重复绘制某些图案以填充图形中的一个区域，从而表达该区域的特征，这种填充操作称为图案填充。图案填充的应用非常广泛，例如，在机械工程图中，可以用图案填充表达一个剖面的区域，也可以使用不同的图案填充来表达不同的零件或者材料。

6.3.2 创建图案填充

在 AutoCAD 2017 中，使用"图案填充"命令，可以对封闭区域进行图案填充。在指定图案填充边界时，可以在闭合区域中任选一点，由 AutoCAD 自动搜索闭合边界，或通过选择对象来定义边界。

创建图案填充的 3 种方法如下。

◆ 命令行：输入 HATCH（快捷命令：H）命令。
◆ 菜单栏：选择菜单栏中的"绘图"→"图案填充"命令。
◆ 按钮法：切换至"默认"选项卡，单击"绘图"面板中的"图案填充"按钮 ▣。

	素材文件	光盘 \ 素材 \ 第 6 章 \ 梳妆台 .dwg
	效果文件	光盘 \ 效果 \ 第 6 章 \ 梳妆台 .dwg
	视频文件	光盘 \ 视频 \ 第 6 章 \6.3.2 创建图案填充 .mp4

步骤01 按【Ctrl＋O】组合键，打开素材图形，如图6-18所示。

步骤02 在"功能区"选项板的"默认"选项卡中，单击"绘图"面板中的"图案填充"按钮▣，如图6-19所示。

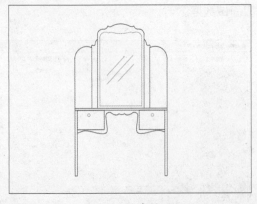

图 6-18 素材图形

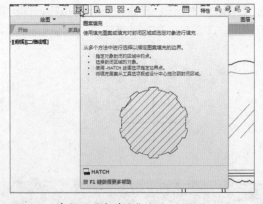

图 6-19 单击"图案填充"按钮

步骤03 弹出"图案填充创建"选项卡，单击"图案"面板中"图案填充图案"右侧的下拉按钮，在弹出的列表框中选择ANSI32选项，如图6-20所示。

步骤04 在命令行提示下，在绘图区中的相应区域内，单击鼠标左键，设置图案填充比例为

100，并按【Enter】键确认，即可创建图案填充，如图6-21所示。

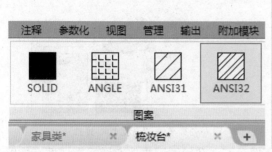

图 6-20 选择 ANSI32 选项

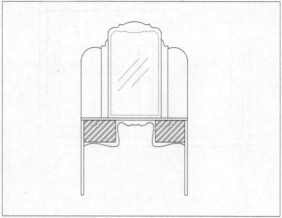

图 6-21 创建图案填充

在"图案填充创建"选项卡中，各主要选项含义如下。

◆ "选择边界对象"按钮 ：单击该按钮，根据构成封闭区域的选定对象确定边界。

◆ "图案"面板：该面板中显示所有预定义和自定义图案的预览图像。

◆ "图案填充类型"列表框：在该列表框中，可以指定是创建实体填充、渐变填充、预定义填充图案，还是创建用户定义的填充图案。

◆ "图案填充颜色"列表框：在该列表框中，可以替代实体填充和填充图案的当前颜色，或指定两种渐变色中的第一种。

◆ "图案填充透明度"文本框：在该文本框中，可以设定新图案填充或填充的透明度，替代当前对象的透明度。

◆ "图案填充角度"文本框：一般用于指定图案填充或填充的角度（相对于当前 UCS 的 X 轴）。

6.3.3　创建渐变色填充

在 AutoCAD 2017 中，使用"渐变色"命令后，可以通过渐变填充创建一种或两种颜色间的平滑转场。

渐变色填充的 3 种方法如下。

◆ 命令行：输入 GRADIENT 命令。

◆ 菜单栏：选择菜单栏中的"绘图"→"渐变色"命令。

◆ 按钮法：切换至"默认"选项卡，单击"绘图"面板中的"渐变色"按钮 。

	素材文件	光盘 \ 素材 \ 第 6 章 \ 装饰画 .dwg
	效果文件	光盘 \ 效果 \ 第 6 章 \ 装饰画 .dwg
	视频文件	光盘 \ 视频 \ 第 6 章 \6.3.3 创建渐变色填充 .mp4

步骤 01 按【Ctrl + O】组合键，打开素材图形，如图6-22所示。

步骤 02 在"功能区"选项板的"默认"选项卡中，单击"绘图"面板中的"渐变色"按钮，如图6-23所示。

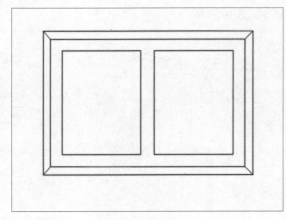

图 6-22 素材图形

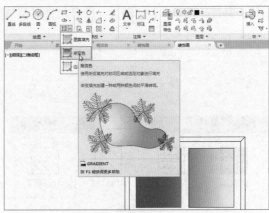

图 6-23 单击"渐变色"按钮

步骤 03 弹出"图案填充创建"选项卡，在命令行提示下，在绘图区中依次选择需要填充的区域，如图6-24所示。

步骤 04 按【Enter】键确认，即可创建渐变色填充，如图6-25所示。

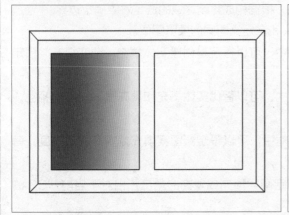

图 6-24 选择需要填充的区域

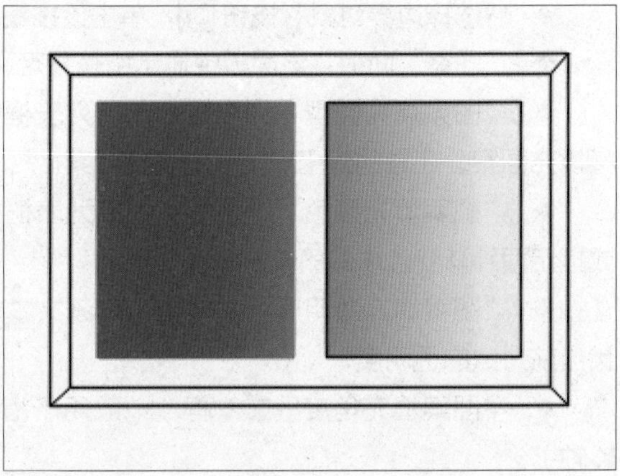

图 6-25 创建渐变色填充

专家提醒

在"图案填充和渐变色"对话框中，单击"更多选项"按钮 ⊙，将显示"孤岛""边界保留""边界集""允许的间隙"和"继承选项"选项组，在其中可以进行相应的设置，以得到需要的效果。

6.4 编辑图案填充

在 AutoCAD 2017 中，用户还可以对填充好的图案进行各种编辑操作，如设置填充图案比例、填充透明度和修剪图案填充等。

6.4.1 填充比例的调整

在 AutoCAD 2017 中，使用"编辑图案填充"命令，可以修改特定图案填充的特性，如设置图案填充的填充比例。

素材文件	光盘 \ 素材 \ 第 6 章 \ 餐桌 .dwg
效果文件	光盘 \ 效果 \ 第 6 章 \ 餐桌 .dwg
视频文件	光盘 \ 视频 \ 第 6 章 \6.4.1 填充比例的调整 .mp4

步骤 01 按【Ctrl + O】组合键，打开素材图形，如图6-26所示。

步骤 02 在"功能区"选项板的"默认"选项卡中，单击"修改"面板中的"编辑图案填充"按钮 ，如图6-27所示。

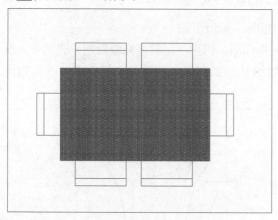

图 6-26 素材图形　　　　图 6-27 单击"编辑图案填充"按钮

专家提醒

调整图案填充比例的 4 种方法如下。

● 命令行：输入 HATCHEDIT（快捷命令：HE）命令。

● 菜单栏：选择菜单栏中的"修改"→"对象"→"图案填充"命令。

● 鼠标法：在需要设置的图案填充对象上，单击鼠标左键。

● 按钮法：切换至"默认"选项卡，单击"修改"面板中的"编辑图案填充"按钮 。

步骤 03 在命令行提示下，选择图案填充对象，弹出"图案填充编辑"对话框，设置图案填充的比例为35，如图6-28所示。

步骤 04 单击"确定"按钮，即可设置图案填充比例，效果如图6-29所示。

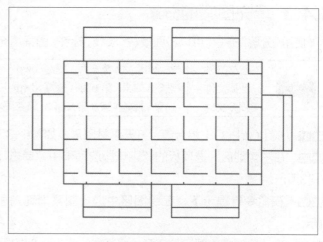

图 6-28 "图案填充编辑"对话框　　　　图 6-29 设置图案填充比例

6.4.2 设置填充透明度

除了可以使用"编辑图案填充"命令设置图案填充对象的比例和角度外，还可以更改填充图案的透明度。

	素材文件	光盘 \ 素材 \ 第 6 章 \ 盆栽 .dwg
	效果文件	光盘 \ 效果 \ 第 6 章 \ 盆栽 .dwg
	视频文件	光盘 \ 视频 \ 第 6 章 \6.4.2 设置填充透明度 .mp4

步骤 01 按【Ctrl＋O】组合键，打开素材图形，如图6-30所示。

步骤 02 在图案填充对象上，单击鼠标左键，执行操作后，弹出"图案填充编辑器"选项卡，设置"图案填充透明度"为80，并按【Enter】键确认，即可设置图案填充透明度，效果如图6-31所示。

图 6-30 素材图形

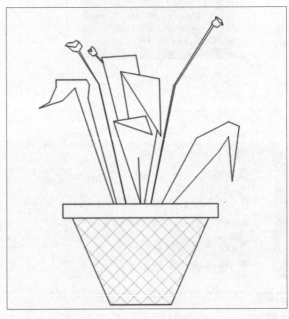

图 6-31 设置图案填充透明度

6.4.3 填充图案的分解

使用"分解"命令，可以将面域、多段线、标注、图案填充或块参照合成对象转变为单个的元素。

	素材文件	光盘 \ 素材 \ 第 6 章 \ 壁灯 .dwg
	效果文件	光盘 \ 效果 \ 第 6 章 \ 壁灯 .dwg
	视频文件	光盘 \ 视频 \ 第 6 章 \6.4.3 填充图案的分解 .mp4

步骤 01 按【Ctrl＋O】组合键，打开素材图形，如图6-32所示。

步骤 02 在"功能区"选项板的"默认"选项卡中，单击"修改"面板中的"分解"按钮，如图6-33所示。

步骤 03 在命令行提示下，在绘图区中选择图案填充对象，按【Enter】键确认，如图6-34所示。

步骤 04 确认分解填充图案，任意选择直线，查看分解效果，如图6-35所示。

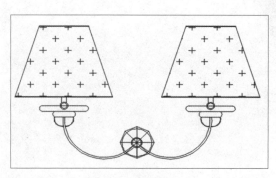

图 6-32 素材图形

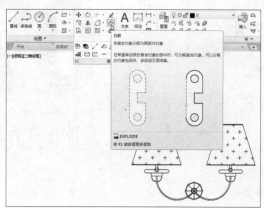

图 6-33 单击"分解"按钮

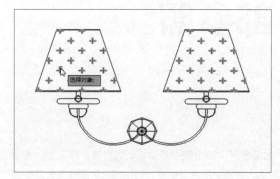

图 6-34 选择对象

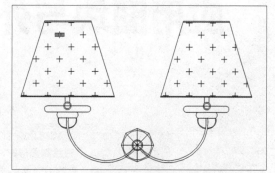

图 6-35 分解图案填充

专家提醒

　　图案被分解后，它将不再是一个单一的对象，而是一组组成图案的线条，同时，分解后图案也失去了与图形的关联性。分解图案填充的 3 种方法如下。

● 命令行：输入 EXPLODE（快捷命令：X）命令。

● 菜单栏：选择菜单栏中的"修改"→"分解"命令。

● 按钮法：切换至"默认"选项卡，单击"修改"面板中的"分解"按钮 ⬚。

07
Chapter

应用图块与外部参照

学前提示

在绘制图形时，如果图形中有大量相同或相似的内容，即可将这些重复出现的图形定义成图块。在需要插入图块时，可以将已有图形文件直接插入到当前图形中，同时，也可以将已有的图形文件以参照的形式插入到当前图形中；或使用AutoCAD提供的设计中心，直接调用其中的内容。

本章教学目标

- 创建与编辑图块
- 创建与编辑块属性
- 使用外部参照
- 使用AutoCAD设计中心

学完本章后你会做什么

- 掌握创建与编辑图块的操作，如创建图块、分解图块等
- 掌握创建与编辑属性块的操作，如创建属性块、修改属性定义等
- 掌握附着外部参照的操作，如附着参照图像、卸载外部参照等

视频演示

7.1 创建与编辑图块

创建图块就是将已有的图形对象定义为图块的过程，可将一个或多个图形对象定义为一个图块。本节主要介绍创建与编辑图块的操作方法。

7.1.1 了解图块

图块是指由一个或多个图形对象组合而成的一个整体，简称为块。在绘图过程中，用户可以将定义的块插入到图纸中的指定位置，并且可以进行缩放、旋转等，而且对于组成块的各个对象而言，还可以有各自的图层属性，同时还可以对图块进行修改。

在 AutoCAD 2017 中，使用图块可以帮助用户在同一图形或其他图形中重复使用，在绘图过程中，使用图块有以下 5 个特点。

◆ 提高绘图速度：在绘图过程中，往往要绘制一些重复出现的图形，如果把这些图形创建成图块保存起来，在需要它们时就可以用插入块的方法实现，即把绘图变成了拼图，这样就避免了大量的重复性工作，大大提高了绘图速度。

◆ 建立图块库：可以将绘图过程中常用到的图形定义成图块，保存在磁盘上，这样就形成了一个图块库。当用户需要插入某个图块时，可以将其调出插入到图形文件中。

◆ 节省存储空间：AutoCAD 要保存图中每个对象的相关信息，如对象的类型、名称、位置、大小、线型及颜色等，这些信息要占用存储空间。如果使用图块，则可以大大节省磁盘的空间，AutoCAD 仅需记住这块对象的信息，对于复杂但需多次绘制的图形，这一特点更为明显。

◆ 方便修改图形：在工程设计中，特别是讨论方案、技术改造初期，常需要修改绘制的图形，如果图形是通过插入图块的方法绘制的，那么只要简单地对图块重新定义一次，就可以对AutoCAD 上所有插入的图块进行修改。

◆ 赋予图块属性：很多块图要求有文字信息以进一步解释其用途。AutoCAD 允许用户用图块创建这些文件属性，并可在插入的图块中指定是否显示这些属性。属性值可以随插入图块的环境不同而改变。

7.1.2 创建图块

使用"块"命令可将已有图形对象定义为图块，可以将一个或多个图形对象定义为图块。图块分为内部图块和外部图块。

	素材文件	光盘 \ 素材 \ 第 7 章 \ 沙发平面 .dwg
	效果文件	光盘 \ 效果 \ 第 7 章 \ 沙发平面 .dwg
	视频文件	光盘 \ 视频 \ 第 7 章 \7.1.2 创建图块 .mp4

步骤 01 按【Ctrl＋O】组合键，打开素材图形，如图7-1所示。

步骤 02 在"功能区"选项板的"插入"选项卡中，单击"块定义"面板中的"创建块"按钮，如图7-2所示。

步骤 03 弹出"块定义"对话框，设置"名称"为"沙发平面"，单击"选择对象"按钮，如图7-3所示。

步骤 04 　在命令行提示下，在绘图区中选择所有的图形对象为创建对象，按【Enter】键确认，返回到"块定义"对话框。单击"块定义"对话框的"确定"按钮，即可创建图块；在图块对象上，单击鼠标左键，查看图块效果，如图7-4所示。

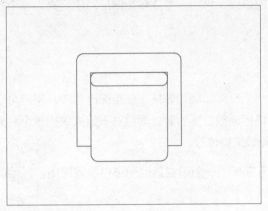

图 7-1 素材图形

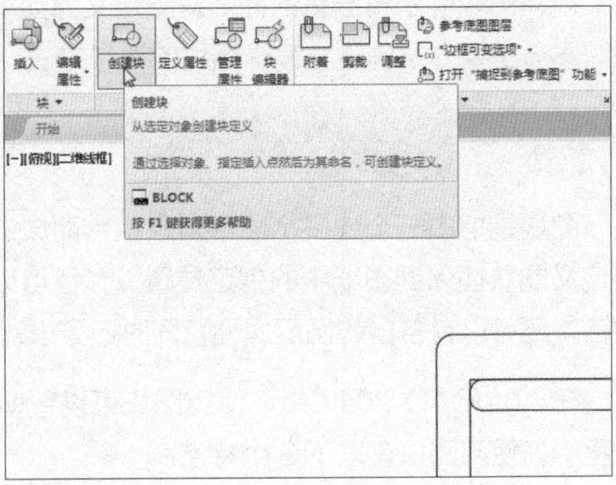

图 7-3 "块定义"对话框

图 7-2 单击"创建块"按钮

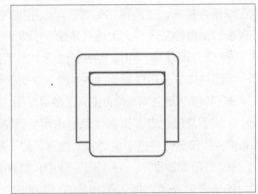

图 7-4 查看图块效果

"块定义"对话框中各主要选项的含义如下。

◆　"名称"下拉列表框：用于输入块的名称，最多可以使用255个字符。当其中包含多个块时，还可以在此选择已有的块。

◆　"基点"选项区：用于设置块的插入基点位置。

◆　"对象"选项区：用于设置组成块的对象。

◆　"方式"选项区：用于设置组成块的对象的显示方式。

◆　"设置"选项区：用于设置块的基本属性。

◆　"说明"文本框：用来输入当前块的说明部分。

专家提醒

创建块的3种方法如下。

● 　命令行：输入BLOCK（快捷命令：B）命令。

● 　菜单栏：选择菜单栏中的"绘图"→"块"→"创建"命令。

● 　按钮法：切换至"插入"选项卡，单击"块定义"面板中的"创建块"按钮。

7.1.3 分解图块

使用"分解"命令，可以分解创建的图块对象。图块被分解后，它的各个组成元素都将成为单独的对象。用户可以对各组成元素单独进行编辑。

素材文件	光盘 \ 素材 \ 第 7 章 \ 地毯 .dwg	
效果文件	光盘 \ 效果 \ 第 7 章 \ 地毯 .dwg	
视频文件	光盘 \ 视频 \ 第 7 章 \7.1.3 分解图块 .mp4	

步骤 01 按【Ctrl + O】组合键，打开素材图形，如图7-5所示。

步骤 02 在命令行中输入X（分解）命令，按【Enter】键确认，在命令行提示下，在绘图区中选择图块对象，按【Enter】键确认，分解图块，在任意直线上单击，查看分解效果，如图7-6所示。

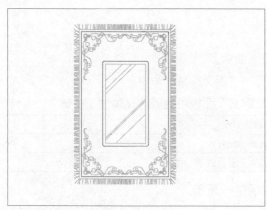

图 7-5 素材图形

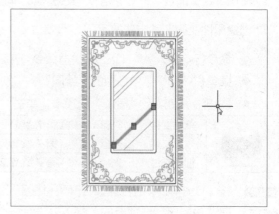

图 7-6 查看分解图块效果

专家提醒

分解图块的 3 种方法如下。

● 命令行：输入 EXPLODE（快捷命令：X）命令。
● 菜单栏：选择菜单栏中的"修改"→"分解"命令。
● 按钮法：切换至"默认"选项卡，单击"修改"面板中的"分解"按钮 。

7.2 创建与编辑块属性

块属性是附属于块的非图形信息，是块的组成部分，是特定的可包含在块定义中的文字对象。在定义一个块时，属性必须预先定义。本节主要介绍创建与编辑属性块的操作方法。

7.2.1 了解块属性

属性是属于图块的非图形信息，是图块的组成部分。属性具有以下特点。

◆ 属性由属性标记名和属性值两部分组成。例如，可以把 NAME 定义为属性标记名，而具体的名称螺栓、螺母、轴承则是属性值，即其属性。

◆ 定义块前，应先定义该块的每个属性，即规定每个属性的标记名、属性提示、属性默认值、属性显示格式（可见或不可见）、属性在图中的位置等。定义属性后，该属性以其标记名在图中显示出来，并保存有关的信息。在定义块前，用户还可以修改属性定义。

◆ 插入块时，AutoCAD 通过提示要求用户输入属性值。插入块后，属性用它的值表示。因此同一个块在不同点插入时，可以有不同的属性值。如果属性值在属性定义时规定为常量，AutoCAD 则不询问它的属性值。

◆ 插入块后，用户可以改变属性的显示与可见性；对属性做修改；把属性单独提取出来写入文件，以供统计、制表时使用；还可以与其他高级语言（如 BASIC、FORTRAN、C 语言）或数据库（如 Dbase、FoxBASE、Foxpro 等）进行数据通信。

7.2.2 创建属性块

使用"定义属性"命令，可以创建图块的非图形信息。

创建属性快的 3 种方法如下。

◆ 命令行：输入 ATTDEF（快捷命令：ATT）命令。

◆ 菜单栏：选择菜单栏中的"绘图"→"块"→"定义属性"命令。

◆ 按钮法：切换至"插入"选项卡，单击"块定义"面板中的"定义属性"按钮 🏷。

素材文件	光盘 \ 素材 \ 第 7 章 \ 双人床 .dwg	
效果文件	光盘 \ 效果 \ 第 7 章 \ 双人床 .dwg	
视频文件	光盘 \ 视频 \ 第 7 章 \7.2.2 创建属性块 .mp4	

步骤 01 按【Ctrl＋O】组合键，打开素材图形，如图7-7所示。

步骤 02 在"功能区"选项板的"插入"选项卡中，单击"块定义"面板中的"定义属性"按钮 🏷，如图7-8所示。

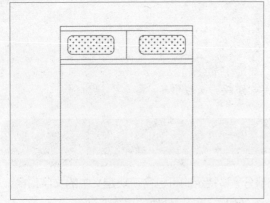

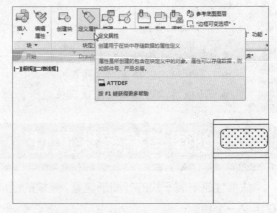

图 7-7 素材图形　　　　　　　　图 7-8 单击"定义属性"按钮

步骤 03 弹出"属性定义"对话框，设置"标记"为"双人床"、"文字高度"为40，如图7-9所示。

步骤 04 单击"确定"按钮，在命令行提示下，在绘图区中的合适位置单击，即可创建属性块，如图7-10所示。

> **专家提醒**
> 创建定义属性块能够方便设计者为客户讲解设计方案。

图 7-9 "属性定义"对话框   图 7-10 创建属性块

7.2.3 修改属性定义

在 AutoCAD 2017 中，块属性就像其他对象一样，用户可以对其进行编辑。

修改属性定义的 3 种方法

◆ 命令行：输入 EATTEDIT 命令。
◆ 菜单栏：选择菜单栏中的"修改"→"对象"→"属性"→"单个"命令。
◆ 按钮法：切换至"插入"选项卡，单击"块"面板中的"编辑属性"按钮 。

	素材文件	光盘 \ 素材 \ 第 7 章 \ 曲轴 .dwg
	效果文件	光盘 \ 效果 \ 第 7 章 \ 曲轴 .dwg
	视频文件	光盘 \ 视频 \ 第 7 章 \7.2.3 修改属性定义 .mp4

步骤 01 按【Ctrl + O】组合键，打开素材图形，如图7-11所示。

步骤 02 在"功能区"选项板的"插入"选项卡中，单击"块"面板中的"编辑属性"按钮 ，如图7-12所示。

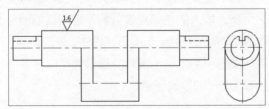

图 7-11 素材图形   图 7-12 单击"编辑属性"按钮

专家提醒

使用"增强属性编辑器"对话框，可以修改以下项目。

● 定义如何将值指定给属性以及指定的值在绘图区域是否可见。
● 定义属性文字如何在图形中显示。
● 定义属性所在的图层以及属性行的颜色、线宽和线型。

步骤 03 在命令行提示下，选择上方的粗糙度图块，弹出"增强属性编辑器"对话框，设置"值"为0.8，如图7-13所示。

步骤 04 单击"确定"按钮，即可修改属性定义，效果如图7-14所示。

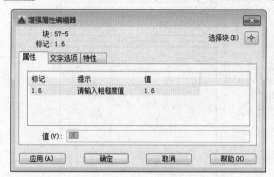

图 7-13 "增强属性编辑器"对话框

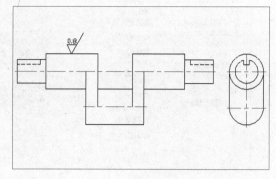

图 7-14 修改属性定义

"增强属性编辑器"对话框中各主要选项含义如下。

◆ "块"显示区：显示块的名称。

◆ "标记"显示区：显示属性的标记。

◆ "选择块"按钮：使用定点设备选择块，临时关闭对话框。

◆ "应用"按钮：更新已更改属性的图形，并保持增强属性编辑器打开。

◆ "文字选项"选项卡：设定用于定义图形中属性文字的显示方式的特性。

◆ "特性"选项卡：定义属性所在的图层以及属性文字的线宽、线型和颜色。

7.3 使用外部参照

外部参照就是把已有的图形文件插入到当前图形中，但外部参照不同于图块对象。当打开有外部参照的图形文件时，系统会询问是否把各外部参照图形重新调入并在当前图形中显示出来。

7.3.1 外部参照与块的区别

如果把图形作为块插入到另一个图形中，则块定义和所有相关联的几何图形都将存储在当前图形数据库中。修改原图形后，块不会随之更新。插入的块如果被分解，则同其他图形没有本质区别，相当于将一个图形文件中的图形对象复制和粘贴到另一个图形文件中。外部参照（External Reference，Xref）提供了另一种更为灵活的图形引用方法。使用外部参照可以将多个图形链接到当前图形中，并且作为外部参照的图形会随原图形的修改而更新。

当一个图形文件作为外部参照插入到当前图形中时，外部参照中每个图形的数据仍然分别保存在各自的原图形文件中，当前图形中所保存的只是外部参照的名称和路径。因此，外部参照不会明显地增加当前图形的文件大小，从而可以节省磁盘空间，也利于保持系统的性能。无论一个外部参照文件多么复杂，AutoCAD 都会把它作为一个单一对象来处理，而不允许进行分解。用户可对外部参照进行比例缩放、移动、复制、镜像或旋转等操作，还可以控制外部参照的显示状态，但这些操作都不会影响到原图形文件。

7.3.2 添加外部参照

一个图形能作为外部参照并同时附着到多个图形中，反之，也可以将多个图形作为参照图形附着到单个图形中。

添加外部参照的 3 种方法如下。

◆ 命令行：输入 XATTACH（快捷命令：XA）命令。

◆ 菜单栏：单击菜单栏中的"插入"→"DWG 参照"命令。

◆ 按钮法：切换至"插入"选项卡，单击"参照"面板中的"附着"按钮 📄。

	素材文件	光盘 \ 素材 \ 第 7 章 \ 支座 .dwg、悬臂支座 .dwg
	效果文件	光盘 \ 效果 \ 第 7 章 \ 支座 .dwg
	视频文件	光盘 \ 视频 \ 第 7 章 \7.3.2 添加外部参照 .mp4

步骤 01 按【Ctrl + O】组合键，打开素材图形，如图7-15所示。

步骤 02 在命令行中输入XATTACH（DWG 参照）命令，按【Enter】键确认，弹出"选择参照文件"对话框，选择合适的参照文件"悬臂支座.dwg"，如图7-16所示。

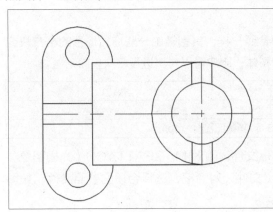

图 7-15 素材图形

图 7-16 选择合适的参照文件

"附着外部参照"对话框中各主要选项含义如下。

◆ "名称"下拉列表框：标识已选定要进行附着的 DWG 文件。

◆ "浏览"按钮：单击该按钮，将打开"选择参照文件"对话框，从中可以为当前图形选择新的外部参照。

◆ "预览"选项区：显示已选定要进行附着的 DWG。

◆ "附着型"单选按钮：在图形中附着型的外部参照时，如果其中嵌套有其他外部参照，则将嵌套的外部参照包括在内。

◆ "覆盖型"单选按钮：在图形中附着覆盖外部参照时，则任何嵌套在其中的覆盖外部参照都将被忽略，而且其本身也不能显示。

◆ "路径类型"选项区：选择完整（绝对）路径、外部参照文件的相对路径或"无路径"、外部参照的名称（外部参照文件必须与当前图形文件位于同一个文件夹中）。

◆ "在屏幕上指定"复选框：允许用户在命令提示下或通过定点设备输入。

步骤 03 单击"打开"按钮，弹出"附着外部参照"对话框，单击"确定"按钮，如图7-17所示。

步骤 04 在绘图区中指定端点，并调整其位置，即可以附着外部参照，效果如图7-18所示。

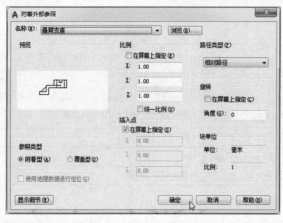

图 7-17 "附着外部参照"对话框

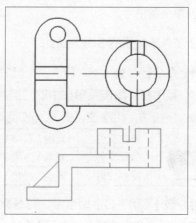

图 7-18 附着外部参照

7.3.3 附着参照图像

在 AutoCAD 2017 中，附着图像参照与外部参照一样，其图像由一些称为像素的小方块或点的矩形栅格组成，附着后的图形像图块一样作为整体，用户可以对其进行多次重新附着。

素材文件	光盘 \ 素材 \ 第 7 章 \ 客厅 .dwg
效果文件	光盘 \ 效果 \ 第 7 章 \ 客厅 .dwg
视频文件	光盘 \ 视频 \ 第 7 章 \7.3.3 附着参照图像 .mp4

步骤 01 按【Ctrl+N】组合键，新建一幅空白图形文件，输入IMAGEATTACH（光栅图像参照）命令，按【Enter】键确认，弹出"选择参照文件"对话框，选择合适的参照文件，如图7-19所示。

步骤 02 单击"打开"按钮，弹出"附着图像"对话框，保持默认设置，如图7-20所示，单击"确定"按钮。

图 7-19 选择合适的参照文件

图 7-20 "附着图像"对话框

专家提醒

附着图像参照的两种方法如下。

● 命令行：输入 IMAGEATTACH 命令。
● 菜单栏：选择菜单栏中的"插入"→"光栅图像参照"命令。

步骤 03 在命令行提示下，输入（0,0），如图7-21所示。

步骤 04 按两次【Enter】键确认，即可附着图像参照，如图7-22所示。

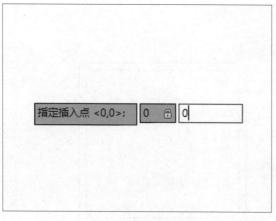

图 7-21 输入参数

图 7-22 附着图像参照

7.3.4 拆离外部参照

当插入一个外部参照后，如果需要删除该外部参照，可以将其拆离。

拆离外部参照的 3 种方法如下。

◆ 命令行：输入 XREF（快捷命令：XR）命令。

◆ 菜单栏：选择菜单栏中的"插入"→"外部参照"命令。

◆ 按钮法：切换至"插入"选项卡，单击"参照"面板中的"外部参照"按钮。

素材文件	光盘 \ 素材 \ 第 7 章 \ 方桌 .dwg、餐椅 .dwg
效果文件	光盘 \ 效果 \ 第 7 章 \ 方桌 .dwg
视频文件	光盘 \ 视频 \ 第 7 章 \7.3.4 拆离外部参照 .mp4

步骤 01　按【Ctrl + O】组合键，打开素材图形，如图7-23所示。

步骤 02　在"功能区"选项板的"插入"选项卡中，单击"参照"面板中的"外部参照"按钮，如图7-24所示。

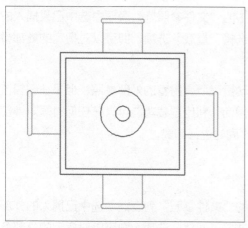

图 7-23 素材图形

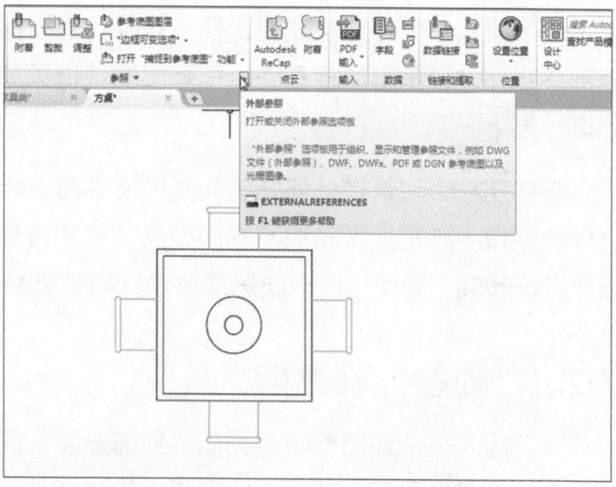

图 7-24 单击"外部参照"按钮

步骤 03　弹出"外部参照"面板，选择合适的选项并单击鼠标右键，在弹出的快捷菜单中，选择"拆离"选项，如图7-25所示。

步骤 04　执行操作后，单击"关闭"按钮，即可拆离外部参照对象，如图7-26所示。

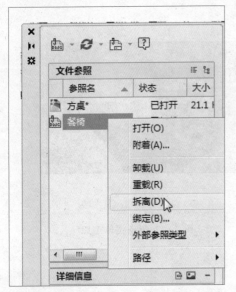

图 7-25 选择"拆离"选项

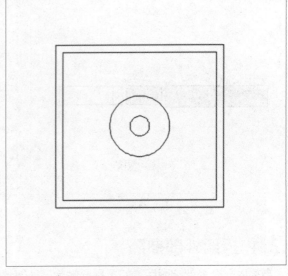

图 7-26 拆离外部参照

专家提醒

"外部参照"面板，其中各主要选项的含义如下。

● "附着DWG"按钮：单击该按钮右侧的下拉按钮，用户可以从弹出的下拉列表中选择附着 DWG、DWF、DGN、DWG 图像。

● "刷新"下拉菜单按钮：单击该按钮右侧的下拉按钮，用户可以从弹出的下拉列表中选择"刷新"或"重载所有参照"选项。

● "文件参照"列表框：在该列表框中，显示了当前图形中的各个外部参照的名称，可以将显示设置为以列表图或树状图结构显示模式。

7.3.5 重载外部参照

当已插入一个外部参照时，在"外部参照"面板中的"文件参照"列表框中选中已经插入的外部参照文件，单击鼠标右键，在弹出的快捷菜单中选择"重载"选项，即可以对指定的外部参照进行更新。

在打开一个附着有外部参照的图形文件时，将自动重载所有附着的外部参照，但是在编辑该文件的过程中则不能实时地反映原图形文件的改变。因此，利用重载功能可以在任何时候对外部参照进行卸载。同样可以一次选择多个外部参照文件，同时进行卸载。

7.3.6 卸载外部参照

当已插入一个外部参照时，在"外部参照"面板的"文件参照"列表框中选中已插入的外部参照文件，单击鼠标右键，然后在弹出的快捷菜单中选择"卸载"选项，则可以对指定的外部参照进行卸载。

"卸载"与"拆离"不同，该操作并不删除外部参照的定义，而仅仅取消外部参照的图形显示（包括其所有副本）。

7.3.7 绑定外部参照

使用"绑定"命令，可以将外部参照中命名对象的一个或多个定义绑定到当前图形。

绑定外部参照的 3 种方法如下。

◆ 命令行：输入 XBIND（快捷命令：XB）命令。

◆ 菜单栏：选择菜单栏中的"修改"→"对象"→"外部参照"→"绑定"命令。

◆ 按钮法：切换至"插入"选项卡，单击"参照"面板中的"剪裁"按钮 ⌐。

采用以上任意一种方式执行操作后，都将弹出"外部参照绑定"对话框，如图 7-27 所示。

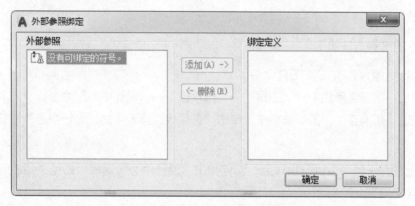

图 7-27 "外部参照绑定"对话框

其中，各选项的含义如下。

◆ "外部参照"选项区：列出当前附着在图形中的外部参照。

◆ "绑定定义"选项区：列出依赖外部参照的命名对象定义以绑定到宿主图形。

◆ "添加"按钮：将"外部参照"列表中选定命名对象定义移动到"绑定定义"列表之中。

◆ "删除"按钮：将"绑定定义"列表中选定的依赖外部参照的命名对象定义移回到它的依赖外部参照的定义表中。

7.4 使用AutoCAD设计中心

AutoCAD 设计中心提供了一个直观高效的工具，它同 Windows 资源管理器相似。利用设计中心，不仅可以浏览、查找、预览和管理 AutoCAD 图形、图块、外部参照及光栅图形等不同的资源文件，还可以通过简单的拖放操作，将位于本地计算机、局域网或 Internet 上的图块、图层、外部参照等内容插入到当前图形中。如果打开了多个图形文件，在多个图形文件之间也可以通过简单的拖放操作实现图形的插入。插入的内容不仅包含图形本身，也包括图层定义、线型和字体等内容，从而使已有资源得到再利用和共享，提高了图形管理和图形设计的效率。

7.4.1 打开"设计中心"面板

AutoCAD 设计中心（AutoCAD Design Center，ADC）是 AutoCAD 中一个非常有用的工具。在进行机械设计时，特别是需要编辑多个图形对象，调用不同驱动器甚至不同计算机内的文件，引用以创建的图层、图块、样式等时，使用 AutoCAD 的设计中心将帮助用户提高绘图效率。

通过 AutoCAD 设计中心可以完成如下工作。

◆ 浏览和查看各种图形图像文件，并可显示预览图像及说明文字。

◆ 查看图形文件中命名对象的定义，将其插入、附着、复制和粘贴到当前图形中。

◆ 将图形文件（.dwg）从控制板中拖放到绘图区中，即可打开图形；而将光栅文件从控制板拖放到绘图区域中，则可查看附着光栅图像。

◆ 在本地和网络驱动器上查找图形文件，并可创建指向常用图形、文件夹和 Internet 地址的快捷方式。

AutoCAD 设计中心的功能十分强大，特别是对于需要同时编辑多个文件的用户，设计中心可发挥巨大的作用。

执行操作的 3 种方法如下。

◆ 命令行：输入 ADCENTER 命令。

◆ 菜单栏：选择菜单栏中的"工具"→"选项板"→"设计中心"命令。

◆ 按钮法：切换至"视图"选项卡，单击"选项板"面板中的"设计中心"按钮 。

采用以上任意一种命令执行操作后，都将弹出"设计中心"面板，如图 7-28 所示。其中，各主要选项含义如下。

◆ "内容区域"选项区：显示树状图中当前选定"容器"的内容。

◆ "加载"按钮 ：单击该按钮，将打开"加载"对话框。

◆ "收藏夹"按钮 ：在内容区域中显示"收藏夹"文件夹的内容。

◆ "主页"按钮 ：将设计中心返回到默认文件夹。

◆ "视图"按钮 ：为加载到内容区域中的内容提供不同的显示格式。

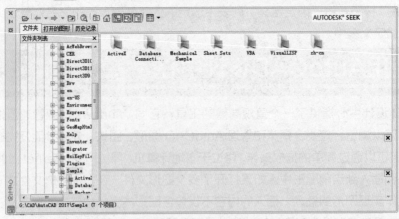

图 7-28 "设计中心"面板

7.4.2 搜索图形信息

使用 AutoCAD 2017 设计中心的搜索功能，可以搜索文件、图形、块和图层定义等。在"设计中心"面板中，单击"搜索"按钮，弹出"搜索"对话框，如图 7-29 所示。

在该对话框中，可以查找标注样式、布局、块、填充图案、图层和图形等类型。

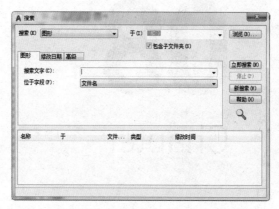

图 7-29 "搜索"对话框

7.4.3 查看历史记录

在"设计中心"面板中，切换至"历史记录"选项卡，使用设计中心的历史记录功能，可以查看最近访问过的图形，如图 7-30 所示。

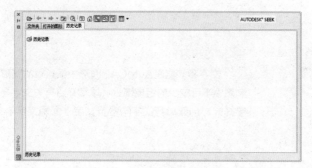

图 7-30 "历史记录"选项卡

7.4.4 加载图形文件

在"设计中心"面板中，单击"加载"按钮 ，将弹出"加载"对话框，如图 7-31 所示。用户可通过该对话框加载图形文件到设计中心。

图 7-31 "加载"对话框

08

Chapter

创建文字与表格对象

学前提示

文字和表格是AutoCAD图形中很重要的图形元素，是机械制图和工程制图中不可缺少的组成部分。本章介绍有关文字与表格的知识，包括设置文字样式、创建单行文字与多行文字、编辑文字、创建表格和编辑表格的方法。

本章教学目标

- 创建与设置文字样式
- 创建与编辑单行文字
- 创建与编辑多行文字
- 创建表格样式和表格

学完本章后你会做什么

- 掌握创建与编辑单行文字的操作，如编辑文字内容和插入符号等
- 掌握创建与编辑多行文字的操作，如创建对正多行文字等
- 掌握创建表格样式与表格的操作，如创建表格、输入数据等

视 频 演 示

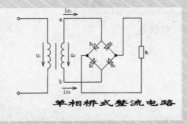

单相桥式整流电路

欧式窗帘立面图

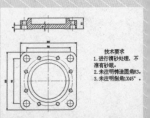

技术要求
1. 进行喷砂处理，不准有砂眼。
2. 未注明铸造圆角R3。
3. 未注明倒角1X45°。

8.1 创建与设置文字样式

在创建文字前，应该先对文字样式（如样式名、字体、文字的高度、效果等）进行设置，从而方便、快捷地对图形对象进行标注或说明，得到统一、标准、美观的文字。

8.1.1 创建文字样式

在 AutoCAD 2017 中，所有文字都有与之相关联的文字样式。在创建文字注释和尺寸标注时，Auto CAD 通常使用当前的文字样式。也可以根据需要创建并设置新的文字样式。

创建文字样式的 4 种方法如下。

◆ 命令行：输入 STYLE（快捷命令：ST）命令。
◆ 菜单栏：选择菜单栏中的"格式"→"文字样式"命令。
◆ 按钮法 1：切换至"默认"选项卡，单击"注释"面板中的"文字样式"按钮。
◆ 按钮法 2：切换至"注释"选项卡，单击"文字"面板中的"文字样式"按钮。

	素材文件	无
	效果文件	无
	视频文件	光盘 \ 视频 \ 第 8 章 \8.1.1 创建文字样式 .mp4

步骤 01 按【Ctrl＋N】组合键，新建图形文件，在"功能区"选项板的"默认"选项卡中，单击"注释"面板中的"文字样式"按钮，如图8-1所示。

步骤 02 弹出"文字样式"对话框，单击"新建"按钮，如图8-2所示。

图 8-1 单击"文字样式"按钮

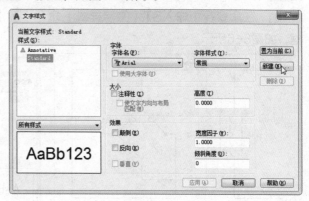

图 8-2 "文字样式"对话框

"文字样式"对话框中各选项含义如下。

◆ "样式"列表框：列出所有已设定的文字样式名或对已有样式名进行相关操作。
◆ "字体"选项区：用于设置字体样式。
◆ "大小"选项区：用于确定文本样式使用的字体文件、字体风格及字体高度。
◆ "颠倒"复选框：选中该复选框，将文本文字倒置。
◆ "反向"复选框：选中该复选框，将文本反向标注。
◆ "宽度因子"文本框：设置宽度系数，确定文本字符的宽高比。
◆ "倾斜角度"文本框：设置文字倾斜角度。

步骤 03 弹出"文字样式"对话框，设置"样式名"为"样式1"，如图8-3所示。

步骤 04 单击"确定"按钮，即可新建文字样式，并在"文字样式"对话框的"样式"列表框中显示新创建的文字样式，如图8-4所示。

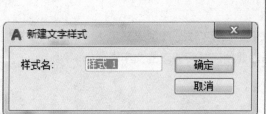

图 8-3 新建文字样式　　　　　　　图 8-4 显示新建文字样式

8.1.2 设置文字的字体和效果

在"文字样式"对话框的"字体"选项区中，可以设置文字样式使用的字体和字体样式等属性。在"效果"选项区中，可以设置字体特性，如颠倒、反向、垂直、宽度因子和倾斜角度。

素材文件	光盘\素材\第8章\单相电路图.dwg
效果文件	光盘\效果\第8章\单相电路图.dwg
视频文件	光盘\视频\第8章\8.1.2 设置文字的字体和效果.mp4

步骤 01 按【Ctrl+O】组合键，打开素材图形，如图8-5所示。

步骤 02 在命令行中输入ST（文字样式）命令，按【Enter】键确认，弹出"文字样式"对话框，如图8-6所示。

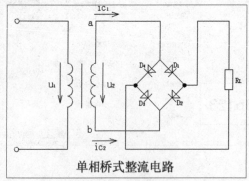

图 8-5 素材图形　　　　　　　图 8-6 "文字样式"对话框

步骤 03 在"字体"选项区中，单击"字体名"右侧的下拉按钮，在弹出的下拉列表框中，选择"楷体"选项；在"宽度因子"文本框中输入2.2，如图8-7所示。

步骤 04 单击"应用"和"关闭"按钮，即可设置文字的字体和效果，如图8-8所示。

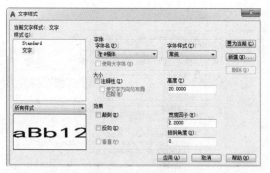

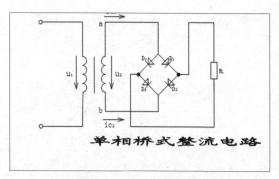

图 8-7 设置参数   图 8-8 设置文字的字体和效果

8.2 创建与编辑单行文字

对于单行文字来说，它的每一行都是文字对象。因此，可以用来创建文字内容比较少的文本对象，并可以对其进行单独编辑。

8.2.1 创建单行文字

使用"单行文字"命令，可以创建一行或多个单行的文字，每个文字对象都为独立个体。

创建与编辑单行文字的 4 种方法如下。

◆ 命令行：输入 TEXT 命令。

◆ 菜单栏：选择菜单栏中的"绘图"→"文字"→"单行文字"命令。

◆ 按钮法 1：切换至"默认"选项卡，单击"注释"面板中的"单行文字"按钮 **A**。

◆ 按钮法 2：切换至"注释"选项卡，单击"文字"面板中的"单行文字"按钮 **A**。

	素材文件	光盘 \ 素材 \ 第 8 章 \ 圆桌 .dwg
	效果文件	光盘 \ 效果 \ 第 8 章 \ 圆桌 .dwg
	视频文件	光盘 \ 视频 \ 第 8 章 \8.2.1 创建单行文字 .mp4

步骤 **01** 按【Ctrl＋O】组合键，打开素材图形，如图8-9所示。

步骤 **02** 在"功能区"选项板的"注释"选项卡中，单击"文字"面板中的"单行文字"按钮 **A**，如图8-10所示。

专家提醒

单行文字常用于不需要使用多种字体的简短内容中，用户可以为其中的不同文字设置不同的字体和大小。

执行"单行文字"命令后，命令行提示如下。

指定文字的起点或 [对正 (J)/ 样式 (S)]：

命令行中各选项含义如下。

◆ 对正(J)：可以设置文字的对齐方式,选择该选项后,命令行中将提示"输入选项 [对齐 (A)/ 布满 (F)/ 居中 (C)/ 中间 (M)/ 右对齐 (R)/ 左上 (TL)/ 中上 (TC)/ 右上 (TR)/ 左中 (ML)/ 正中 (MC)/ 右中 (MR)/ 左下 (BL)/ 中下 (BC)/ 右下 (BR)]："。

◆ 样式（S）：选择该选项，可以设置当前使用的文字样式。

图 8-9 素材图形

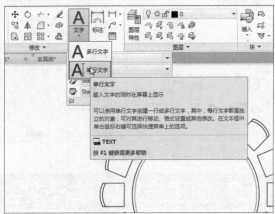

图 8-10 单击"单行文字"按钮

步骤 03 在命令行提示下，捕捉合适的端点为起点，设置"文字高度"为160，如图8-11所示。

步骤 04 连续按两次【Enter】键确认，输入"圆桌"，即可创建单行文字，如图8-12所示。

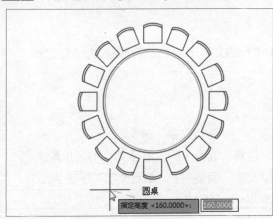

图 8-11 设置文字高度

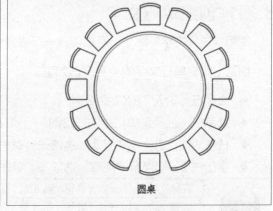

图 8-12 创建单行文字

专家提醒

　　只有当前文本样式中设置的字符高度为0，在使用"单行文字"命令时，系统才出现要求用户确定字符高度的提示。

8.2.2 插入特殊字符

　　在创建单行文本时，用户还可以在输入文字过程中输入一些特殊字符，在实际绘图过程中，也经常需要标注一些特殊字符。如直径符号、百分号等。由于这些特殊字符不能从键盘上直接输入，因此，AutoCAD 提供了相应的控制符，以实现这些标注的要求。

　　AutoCAD 的控制符由两个百分号（%%）及一个字符构成，常用特殊符号的控制符如下。

◆ %%C：表示直径符号（φ）。

◆ %%D：表示角度符号。

◆ %%O：表示上划线符号。

◆ %%P：表示正负公差符号（±）。

◆ %%U：表示下划线符号。

◆ %%%：表示百分号（%）。

8.2.3 编辑单行文字内容

使用"编辑"命令，可以编辑单行文字的内容，下面为读者介绍编辑单行文字的方法。

素材文件	光盘\素材\第 8 章\欧式窗帘 .dwg
效果文件	光盘\效果\第 8 章\欧式窗帘 .dwg
视频文件	光盘\视频\第 8 章\8.2.3 编辑单行文字内容 .mp4

步骤 01 按【Ctrl+O】组合键，打开素材图形，如图8-13所示。

步骤 02 在命令行中输入DDEDIT（编辑）命令，按【Enter】键确认，在命令行提示下，选择单行文字对象，再输入"欧式窗帘立面图"，连续按两次【Enter】键确认，即可编辑单行文字内容，如图8-14所示。

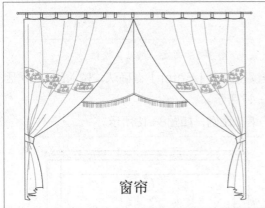

图 8-13 素材图形

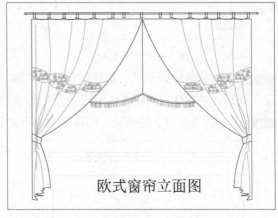

图 8-14 编辑单行文字内容

专家提醒

编辑单行文字内容的 4 种方法如下。

● 命令行：输入 DDEDIT 命令。

● 菜单栏：选择菜单栏中的"修改"→"对象"→"文字"→"编辑"命令。

● 鼠标法：在绘图中需要编辑的单行文字对象上双击。

● 快捷菜单：选择单行文字并右击，在弹出的快捷菜单中选择"编辑"选项。

8.2.4 修改文字缩放比例

使用"缩放"命令，可以缩放单行文字的比例。

修改单行文字缩放比例的 3 种方法如下。

◆ 命令行：输入 SCALETEXT 命令。

◆ 菜单栏：选择菜单栏中的"修改"→"对象"→"文字"→"比例"命令。

◆ 按钮法：切换至"注释"选项卡，单击"文字"面板中的"缩放"按钮 🄰。

	素材文件	光盘 \ 素材 \ 第 8 章 \ 床头柜 .dwg
	效果文件	光盘 \ 效果 \ 第 8 章 \ 床头柜 .dwg
	视频文件	光盘 \ 视频 \ 第 8 章 \8.2.4 修改文字缩放比例 .mp4

步骤 01 按【Ctrl + O】组合键，打开素材图形，如图8-15所示。

步骤 02 在"功能区"选项板的"注释"选项卡中，单击"文字"面板中的"缩放"按钮 🄰，如图8-16所示。

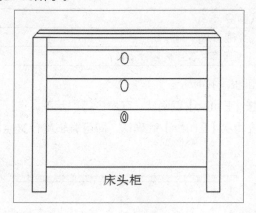

图 8-15 素材图形　　　　　　　　图 8-16 单击"缩放"按钮

步骤 03 在命令行提示下，选择单行文字对象，连续按两次【Enter】键确认，输入S（比例因子）选项，并确认，再输入比例因子为1.5，如图8-17所示。

步骤 04 按【Enter】键确认，即可修改单行文字的缩放比例，如图8-18所示。

图 8-17 输入比例因子　　　　　　图 8-18 修改单行文字的缩放比例

执行"缩放"命令后，命令行提示如下。

选择对象：（选择需要缩放的单行文字对象，按【Enter】键确认）

输入缩放的基点选项 [现有 (E)/ 左对齐 (L)/ 居中 (C)/ 中间 (M)/ 右对齐 (R)/ 左上 (TL)/ 中上 (TC)/ 右上 (TR)/ 左中 (ML)/ 正中 (MC)/ 右中 (MR)/ 左下 (BL)/ 中下 (BC)/ 右下 (BR)] < 现有 >：（指定一个位置作为调整大小或缩放的基点）

指定新模型高度或 [图纸高度 (P)/ 匹配对象 (M)/ 比例因子 (S)] <2.5>：（指定文字高度，或输入选项，按【Enter】键确认）

8.3 创建与编辑多行文字

使用多行文字可以创建较为复杂的文字说明，如图样的技术要求和说明等。在 AutoCAD 中，多行文字是通过多行文字编辑器来完成的。

8.3.1 创建多行文字

多行文字又称段落文本，是一种方便管理的文字对象，可以由两行以上的文字组成，而且所有行的文字都是作为一个整体来处理的。

创建多行文字的 4 种方法如下。

◆ 命令行：输入 MTEXT（快捷命令：MT）命令。

◆ 菜单栏：选择菜单栏中的"绘图"→"文字"→"多行文字"命令。

◆ 按钮法 1：切换至"默认"选项卡，单击"注释"面板中的"多行文字"按钮 **A**。

◆ 按钮法 2：切换至"注释"选项卡，单击"文字"面板中的"多行文字"按钮 **A**。

素材文件	光盘 \ 素材 \ 第 8 章 \ 蜗杆 .dwg
效果文件	光盘 \ 效果 \ 第 8 章 \ 蜗杆 .dwg
视频文件	光盘 \ 视频 \ 第 8 章 \8.3.1 创建多行文字 .mp4

步骤 **01** 按【Ctrl + O】组合键，打开素材图形，如图8-19所示。

步骤 **02** 在"功能区"选项板的"注释"选项卡中，单击"文字"面板中的"多行文字"按钮 **A**，如图8-20所示。

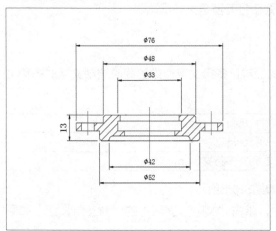

图 8-19 素材图形

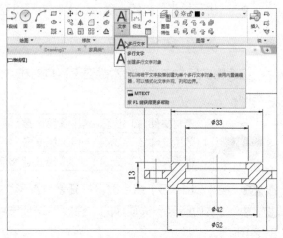

图 8-20 单击"多行文字"按钮

步骤 **03** 在命令行提示下，在左下方合适的位置处单击鼠标左键，在命令行中输入H命令，设置"文字高度"为5，向右上方引导光标，单击鼠标左键，弹出文本框和"文字编辑器"选项卡，如图8-21所示。

步骤 **04** 在文本框中，输入"蜗杆端盖技术要求"等文字，在空白处，单击鼠标左键，即可创建多行文字，效果如图8-22所示。

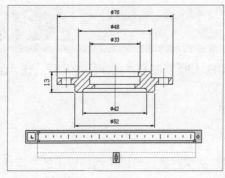

图 8-21 弹出文本框

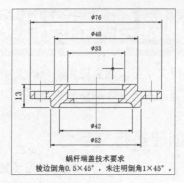

图 8-22 创建多行文字

"文字编辑器"选项卡中各主要选项含义如下。

◆ "样式"面板：用于向多行文字对象应用文字样式。

◆ "文字高度"文本框：使用图形单位设定新文字字符高度或更改选定文字高度。

◆ "粗体"按钮：打开和关闭新文字或选定文字的粗体格式。

◆ "斜体"按钮：打开和关闭新文字或选定文字的斜体格式。

◆ "字体"按钮：为新输入的文字指定字体或更改选定文字的字体。

◆ "颜色"按钮：指定新文字的颜色或更改选定文字的颜色。

◆ "对正"按钮：打开"多行文字对正"菜单，并且有 9 个对齐选项可用。

◆ "行距"按钮：显示建议的行距选项或"段落"对话框。

◆ "符号"按钮：在光标位置插入符号或不间断空格。

◆ "字段"按钮：打开"字段"对话框，从中可以选择要插入到文字中的字段。

◆ "拼写检查"按钮：确定键入时拼写检查处于打开还是关闭状态。

8.3.2 对正多行文字

在编辑多行文字时，常常需要设置其对正方式，对正多行文字对象的同时控制文字对齐和文字走向。

素材文件	光盘 \ 素材 \ 第 8 章 \ 零部件 .dwg
效果文件	光盘 \ 效果 \ 第 8 章 \ 零部件 .dwg
视频文件	光盘 \ 视频 \ 第 8 章 \8.3.2 对正多行文字 .mp4

步骤 01 按【Ctrl＋O】组合键，打开素材图形，如图8-23所示。

步骤 02 在"功能区"选项板的"注释"选项卡中，单击"文字"面板中的"对正"按钮，如图8-24所示。

专家提醒

对正多行文字的方式有左对齐(L)、对齐(A)、布满(F)、居中(C)、中间(M)、右对齐(R)、左上(TL)、中上(TC)、右上(TR)、左中(ML)、正中(MC)、右中(MR)、左下(BL)、中下(BC)、右下(BR)，共15种。对正多行文字的3种方法如下。

● 命令行：输入 JUSTIFYTEXT 命令。

● 菜单栏：选择菜单栏中的"修改"→"对象"→"文字"→"对正"命令。

● 按钮法：切换至"注释"选项卡，单击"文字"面板中的"对正"按钮。

步骤 03 在命令行提示下，选择多行文字，按【Enter】键确认，效果如图8-25所示。

步骤 04 输入对正方式为L（左对齐）选项，按【Enter】键确认，即可对正多行文字，效果如图8-26所示。

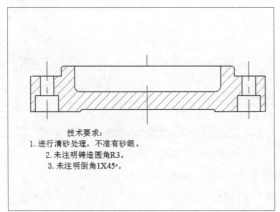

图 8-23 素材图形

图 8-24 单击"对正"按钮

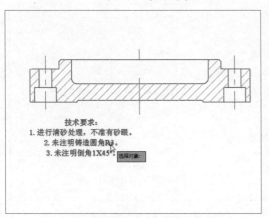

图 8-25 选择多行文字

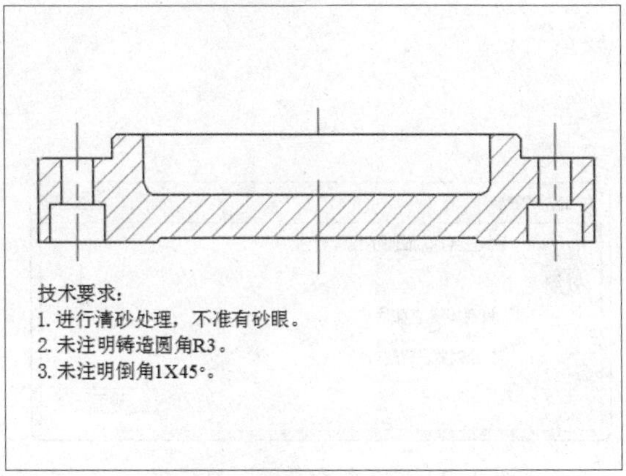

图 8-26 对正多行文字

8.3.3 查找和替换文字

在 AutoCAD 中，使用"查找"命令，可以查找单行文字和多行文字中的指定字符，并可对其进行替换操作。

查找和替换文字的 3 种方法如下。

◆ 命令行：输入 FIND 命令。

◆ 菜单栏：选择菜单栏中的"编辑"→"查找"命令。

◆ 按钮法：切换至"注释"选项卡，单击"文字"面板中的"查找文字"按钮 ⏹。

	素材文件	光盘 \ 素材 \ 第 8 章 \ 屏风立面 .dwg
	效果文件	光盘 \ 效果 \ 第 8 章 \ 屏风立面 .dwg
	视频文件	光盘 \ 视频 \ 第 8 章 \8.3.3 查找和替换文字 .mp4

步骤 01 按【Ctrl＋O】组合键，打开素材图形，如图8-27所示。

步骤 02 输入FIND（查找）命令，按【Enter】键确认，弹出"查找和替换"对话框，依次输入相应内容，如图8-28所示。

屏风立面

图 8-27 素材图形

图 8-28 "查找和替换"对话框

步骤 03 单击"全部替换"按钮，弹出"查找和替换"对话框，如图8-29所示。

步骤 04 单击"确定"按钮，返回到"查找和替换"对话框，单击"完成"按钮，即可替换文字，效果如图8-30所示。

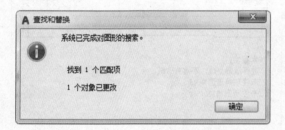

图 8-29 "查找和替换"对话框

祥云屏风立面图

图 8-30 替换文字效果

"查找和替换"对话框中各主要选项含义如下。

◆ "查找内容"下拉列表框：指定要查找的字符串。

◆ "替换为"下拉列表框：指定用于替换找到文字的字符串。

◆ "查找位置"下拉列表框：指定是搜索整个图形、当前布局还是当前选定的对象。

◆ "列出结果"复选框：确定在显示位置（模型或图纸空间）、对象类型和文字表格的列出结果。

◆ "查找"按钮：查找在"查找内容"下拉列表框中输入的文字。

◆ "全部替换"按钮：用"替换为"下拉列表框中输入的文字替换在"查找内容"下拉列表框中输入的文字。

8.3.4 快速显示文本对象

在绘制图形时，为了加快图形在重生成过程中的速度，使用"快速文字"命令，可以控制文字和属性对象的显示和打印。执行操作的方法为在命令行中输入 QTEXT 命令。

	素材文件	光盘 \ 素材 \ 第 8 章 \ 底座 .dwg
	效果文件	光盘 \ 效果 \ 第 8 章 \ 底座 .dwg
	视频文件	光盘 \ 视频 \ 第 8 章 \8.3.4 快速显示文本对象 .mp4

步骤 01 按【Ctrl + O】组合键，打开素材图形，如图8-31所示。

步骤 02 在命令行中输入QTEXT（快速文字）命令，并按【Enter】键确认，在命令行提示下，输入OFF（关）选项，按【Enter】键确认。在命令行中输入REGEN（重生成）命令，按【Enter】键确认，即可控制文本显示，效果如图8-32所示。

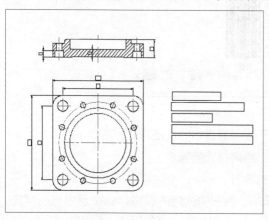

技术要求
1.进行清砂处理，不准有砂眼。
2.未注明铸造圆角R3。
3.未注明倒角1X45°。

图 8-31 素材图形　　　　　　　　　　图 8-32 控制文本显示

专家提醒

　　QTEXT 命令不是一个绘制和编辑对象的命令，该命令只能控制文本的显示。通过该命令可以将显示模式设置为"开"状态，在图形重新生成时，AutoCAD 将不必对文本的笔画进行具体计算与绘图操作，因而可以节省系统资源，提高计算机的效率。

8.4 创建表格样式和表格

　　在 AutoCAD 2017 中，用户可以使用"表格样式"和"表格"命令，创建数据表和标题栏，或从 Microsoft Excel 中直接复制表格，并将其作为 AutoCAD 表格对象粘贴到图形中。本节将向读者介绍创建表格样式与表格的操作方法。

8.4.1 设置表格样式

　　表格样式控制了表格外观，用于保证标注字体、颜色、文本、高度和行距。用户可以使用默认的表格样式，还可以根据需要自定义表格样式，并保存这些设置以供以后使用。

　　设置表格样式的 4 种方法如下。

◆ 命令行：输入 TABLESTYLE 命令。

◆ 菜单栏：选择菜单栏中的"格式"→"表格样式"命令。

◆ 按钮法 1：切换至"默认"选项卡，单击"注释"面板中的"表格样式"按钮 。

◆ 按钮法 2：切换至"注释"选项卡，单击"表格"面板中的"表格样式"按钮 。

采用以上任意一种方式执行操作后，将弹出"表格样式"对话框，如图 8-33 所示。在该对话框中，各主要选项含义如下。

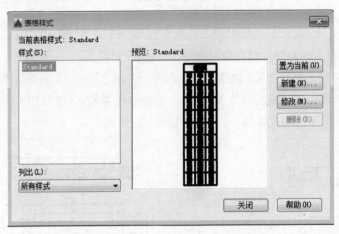

图8-33 "表格样式"对话框

◆ "当前表格样式"选项区：用于显示应用于所创建表格的表格样式的名称。

◆ "样式"列表框：用于显示表格样式列表。当前样式被亮显。

◆ "列出"列表框：用于控制"样式"列表的内容。

◆ "置为当前"按钮：单击该按钮，将"样式"列表中选定的表格样式设定为当前样式，所有新表格都将使用此表格样式创建。

◆ "修改"按钮：单击该按钮，可以显示"修改表格样式"对话框，从中可以修改表格样式。

◆ "删除"按钮：单击该按钮，可以删除"样式"列表中选定的表格样式，但不能删除图形中正在使用的样式。

> **专家提醒**
>
> 表格的外观是由表格样式控制的，使用表格样式，可以保证表格具有标准的字体、颜色文本、高度和行距。

8.4.2 创建表格

表格是在行和列中包含数据对象，是由单元格构成的矩形阵列。用户在创建表格时，可以直接插入表格对象而不需要用单独的直线绘制组成的表格。

创建表格的3种方法如下。

◆ 命令行：输入 TABLE 命令。

◆ 按钮法1：切换至"默认"选项卡，单击"注释"面板中的"表格"按钮▦。

◆ 按钮法2：切换至"注释"选项卡，单击"表格"面板中的"表格"按钮▦。

	素材文件	光盘 \ 素材 \ 第 8 章 \ 电气图 .dwg
	效果文件	光盘 \ 效果 \ 第 8 章 \ 电气图 .dwg
	视频文件	光盘 \ 视频 \ 第 8 章 \8.4.2 创建表格 .mp4

步骤01 按【Ctrl＋O】组合键，打开素材图形，如图8-34所示。

步骤02 在"功能区"选项板的"注释"选项卡中，单击"表格"面板中的"表格"按钮▦，如图8-35所示。

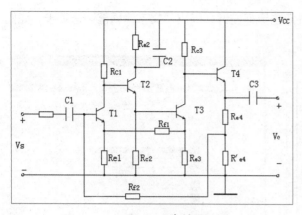

图 8-34 素材图形

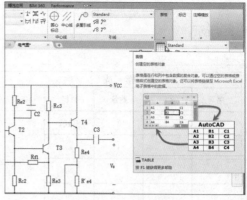

图 8-35 单击"表格"按钮

步骤 03 弹出"插入表格"对话框，设置"列数"为5、"列宽"为350、"数据行数"为4、"行高"为18，如图8-36所示。

步骤 04 单击"确定"按钮，在绘图区中任意捕捉一点，按两次【Esc】键退出，即可创建表格，效果如图8-37所示。

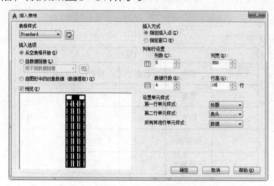

图 8-36 "插入表格"对话框

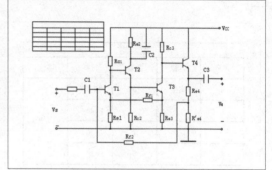

图 8-37 创建表格

"插入表格"对话框主要选项含义如下。

◆ "表格样式"选项区：在要从中创建表格的当前图形中选择表格样式。

◆ "插入选项"选项区：指定插入表格的方式。

◆ "预览"选项区：控制是否显示预览。

◆ "插入方式"选项区：指定表格位置。

◆ "列和行设置"选项区：设置列和行的数目和大小。

◆ "设置单元样式"选项区：对于那些不包含起始表格的表格样式，请指定新表格中行的单元格式。

8.4.3 输入数据

创建完表格后，用户可以根据需要，输入相应的文本和数据内容。

	素材文件	光盘 \ 素材 \ 第 8 章 \ 材料统计表 .dwg
	效果文件	光盘 \ 效果 \ 第 8 章 \ 材料统计表 .dwg
	视频文件	光盘 \ 视频 \ 第 8 章 \8.4.3 输入数据 .mp4

步骤 01 按【Ctrl + O】组合键，打开素材图形，如图8-38所示。

步骤 02 在绘图区中选择合适的单元格对象并双击鼠标左键，弹出"文字编辑器"选项卡，如图8-39所示。

螺 帽				
序号	名称	数量	材料	备注
1		3	HT157	
2		4	45	
3		1	20	
4		5	30	

图 8-38 素材图形

图 8-39 弹出"文字编辑器"选项卡

步骤 03 输入"底座"文字，在绘图区中的任意位置单击，即可在表格中输入数据，如图8-40所示。

步骤 04 采用同样的方法，在绘图区中的其他单元格内，输入相应的数据，效果如图8-41所示。

螺 帽				
序号	名称	数量	材料	备注
1	底座	3	HT157	
2		4	45	
3		1	20	
4		5	30	

图 8-40 输入数据

螺 帽				
序号	名称	数量	材料	备注
1	底座	3	HT157	
2	钻套	4	45	
3	钻模板	1	20	
4	开口垫片	5	30	

图 8-41 输入其他数据

09
Chapter

创建与编辑标注

学前提示

尺寸标注是绘图设计中的一项重要内容，有着严格的规范。本章将介绍有关尺寸标注的知识，包括创建与管理标注样式，创建与设置尺寸标注等。通过本章的学习，读者可以初步掌握有关尺寸标注的知识和操作方法，为进一步学习AutoCAD 2017奠定基础。

本章教学目标

- 尺寸标注简介
- 创建其他尺寸标注
- 应用标注样式
- 设置尺寸标注
- 创建尺寸标注

学完本章后你会做什么

- 掌握标注样式的基本知识，如标注的组成、原则以及类型等
- 掌握创建尺寸标注的操作，如创建线性标注、半径以及矩形标注等
- 掌握创建其他尺寸标注的操作，如连续尺寸标注、快速尺寸标注以及基线尺寸标注等

视频演示

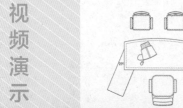
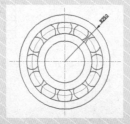
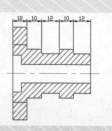

9.1 尺寸标注简介

尺寸标注对表达有关设计元素的尺寸、材料等信息有着非常重要的作用。在对图形进行尺寸标注之前，需要对标注的基础（组成、规则、类型及步骤等知识）有一个初步的了解与认识。

9.1.1 标注的组成

在 AutoCAD 2017 中，所有文字都有与之相关联的文字样式。在创建文字注释和尺寸标注时，AutoCAD 通常使用当前的文字样式，也可以根据需要创建并设置新文字样式。

尺寸标注对表达有关设计元素的尺寸、材料等信息有着非常重要的作用。在对图形进行尺寸标注之前，需要对标注的基础（组成、规则、类型及步骤等知识）有一个初步的了解与认识。

通常，一个完整的尺寸标注由尺寸线、尺寸界线、尺寸文字、尺寸箭头组成，有时还用到圆心标记和中心线，如图 9-1 所示。

标注各主要组成部分的含义如下。

◆ 尺寸线：用于表明标注的范围。AutoCAD 通常将尺寸线放置在测量区域内。如果空间不足，则可将尺寸线或文字移到测量区域的外部，这取决于标注样式的放置规则。对于角度标注，尺寸线是一段圆弧。尺寸线应使用细实线绘制。

◆ 尺寸界线：应从图形的轮廓线、轴线、对称中心线引出；同时，轮廓线、轴线和对称中心线也可以作为尺寸界线。尺寸界线也应使用细实线绘制。

◆ 尺寸文字：用于标明机件的测量值。尺寸文字应按标准字体书写，在同一张图纸上的字高要一致。尺寸文字在图中遇到图线时，需将图线断开，如果图线断开影响图形表达时，需调整尺寸标注的位置。

◆ 尺寸箭头：尺寸箭头显示在尺寸线的端部，用于指出测量的开始和结束位置。AutoCAD 默认使用闭合的填充箭头符号。此外，系统还提供了多种箭头符号，如建筑标记、小斜线箭头、点和斜杠等。

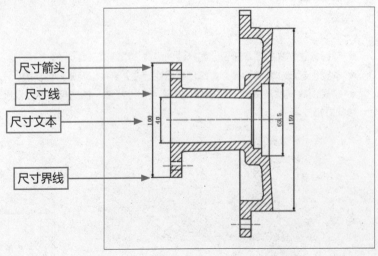

图 9-1 尺寸标注组成

9.1.2 标注的规则

在 AutoCAD 2017 中，对绘制的图形进行尺寸标注时，应遵守以下规则。

◆ 图样上所标注的尺寸数为工程图形真实大小，与绘图比例和绘图的准确度无关。

◆ 图形中的尺寸以系统默认值 mm（毫米）为单位时，不需要标注计量单位代号或名称。如果采用其他单位，则必须注明相应计量单位代号或名称，如度"。""英寸""″"等。

◆ 图样上所标注的尺寸数值应为工程图形完工后的实际尺寸，否则需另加说明。

◆ 工程图对象中的每个尺寸一般只标注一次，并标注在最能清晰表现该图形结构特征的视图上。

◆ 尺寸配置要合理，功能尺寸应该直接标注；同一要素的尺寸应尽可能集中标注，如孔的直径和深度、槽的深度和宽度等；尽量避免在不可见的轮廓线上标注尺寸，数字之间不允许任何图线穿过，必要时可以将图线断开。

9.1.3 标注的类型

尺寸标注分为线性标注、对齐尺寸标注、坐标尺寸标注、弧长尺寸标注、半径尺寸标注、折弯尺寸标注、直径尺寸标注、角度尺寸标注、引线标注、基线标注、连续标注等。其中，线性尺寸标注又分为水平标注、垂直标注和旋转标注三种。在 AutoCAD 2017 中，提供了各类尺寸标注的工具按钮与命令，"标注"面板如图 9-2 所示。

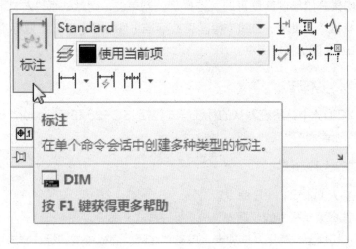

图 9-2 "标注"面板

9.1.4 尺寸标注的创建

在 AutoCAD 2017 中，对图形进行尺寸标注时，通常按如下步骤进行操作。

◆ 为所有尺寸标注建立单独的图层，以便于管理图形。

◆ 专门为尺寸文本创建文本样式。

◆ 创建合适的尺寸标注样式。还可以为尺寸标注样式创建子标注样式或替代标注样式，以标注一些特殊尺寸。

◆ 设置并打开对象捕捉模式，利用各种尺寸标注命令标注尺寸。

9.2 应用标注样式

标注样式可以控制标注格式的外观，如箭头、文字位置和尺寸公差等。为了便于使用、维护标注标准，可以将这些设置存储在标注样式中。

建立和强制执行图表的绘图标准，这样做有利于对标注格式和用途进行修改。可以更新以前由该样式创建的所有标注以反映新设置。在"标注样式管理器"对话框中可以创建与设置标注样式。

9.2.1 定义标注样式

在 AutoCAD 2017 中，标注样式定义如下内容。

- ◆ 尺寸线、尺寸界线、箭头和圆心标记的格式和位置。
- ◆ 标注文字的外观、位置和对齐方式。
- ◆ AutoCAD 放置标注文字和尺寸线的规则。
- ◆ 全局标注比例。主单位、换算单位和角度标注单位的格式和精度。
- ◆ 公差的格式和精度。
- ◆ 在进行标注时，AutoCAD 使用当前的标注样式，直到另一种样式设置为当前样式为止。

AutoCAD 默认的标注样式为 Standard，该样式基本上是根据美国国家标准协会（ANSI）标注标准设计的。如果开始绘制新图形时，选择了公制单位，则默认标注样式将为 ISO-25（国际标准组织标注标准）。此外，DIN（德国工业标准）和 JIS（日本工业标准）样式分别是由 AutoCAD DIN 和 JIS 图形样板提供。

9.2.2 创建标注样式

在 AutoCAD 2017 中，系统默认的标注样式包括 ISO-25 和 Standard 标注样式，用户可以根据绘图的需要创建标注样式。

创建标注样式的 4 种方法如下。

- ◆ 命令行：输入 DIMSTYLE 命令。
- ◆ 菜单栏：选择菜单栏中的"插入"→"标注样式"命令。
- ◆ 按钮法 1：切换至"常用"选项卡，单击"注释"面板中的"标注样式"按钮。
- ◆ 按钮法 2：切换至"注释"选项卡，单击"标注"面板中的"标注样式"按钮。
- ◆ 采用以上任意一种方式执行操作后，都将弹出"标注样式管理器"对话框，如图 9-3 所示。

在该对话框中，各选项含义如下。

- ◆ "当前标注样式"选项区：显示出当前的标注样式名称。
- ◆ "样式"列表框：列出了图形中所包含的所有标注样式，当前样式被亮显。选择某一个样式名并单击鼠标右键，弹出快捷菜单，在该菜单中可以设置当前标注样式、重命名样式和删除样式，如图 9-4 所示。
- ◆ "列出"下拉列表框：主要用于选择列出标注样式的形式。一般有两种选项，即"所有样式"和"正在使用的样式"。
- ◆ "预览"显示区：用于显示"样式"列表框中选的标注样式。

◆ "说明"显示区：用于说明"样式"列表中与当前样式相关的选定样式。

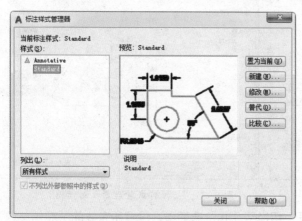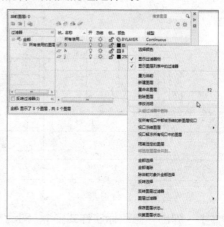

图 9-3 "标注样式管理器"对话框　　　　　　　　　图 9-4 快捷菜单

◆ "置为当前"按钮：单击该按钮，可以将"样式"列表框中选定的标注样式设置为当前标注样式。

◆ "新建"按钮：单击该按钮，弹出"创建新标注样式"对话框，如图 9-5 所示，在该对话框中可以创建新标注样式。

图 9-5 "创建新标注样式"对话框

◆ "修改"按钮：打开"修改标注样式：ISO-25"对话框，修改标注样式。

◆ "替代"按钮：单击该按钮，弹出"替代当前样式"对话框，在该对话框中，可以设置标注样式的临时替代，对同一个对象可以标注两个以上的尺寸和公差。

◆ "比较"按钮：单击该按钮，弹出"比较标注样式"对话框，比较两个标注样式或列出一个标注样式的所有特性。

9.2.3 设置标注样式

在"修改标注样式"对话框中，可以设置相应的参数来修改已有的标注样式。

	素材文件	光盘 \ 素材 \ 第 9 章 \ 泵轴 .dwg
	效果文件	光盘 \ 效果 \ 第 9 章 \ 泵轴 .dwg
	视频文件	光盘 \ 视频 \ 第 9 章 \9.2.3 设置标注样式 .mp4

步骤 01 按【Ctrl＋O】组合键，打开素材图形，如图9-6所示。

步骤 02 输入D（标注样式）命令，按【Enter】键确认，弹出"标注样式管理器"对话框，单击"修改"按钮，如图9-7所示。

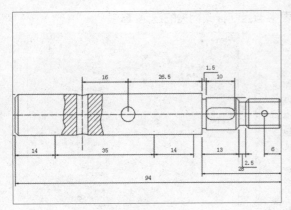

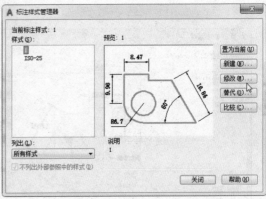

图 9-6 素材图形　　　　　　　　　　　　图 9-7 "标注样式管理器"对话框

步骤 03 弹出"修改标注样式：1"对话框，切换至"线"选项卡，设置所有线的"颜色"均为"红"；切换至"文字"选项卡，设置"文字高度"为3、"文字颜色"为"红"；切换至"主单位"选项卡，设置"精度"为0，如图9-8所示。

步骤 04 单击"确定"按钮，返回到"标注样式管理器"对话框，单击"关闭"按钮，完成标注样式的设置，效果如图9-9所示。

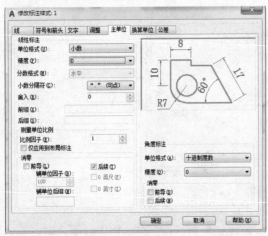

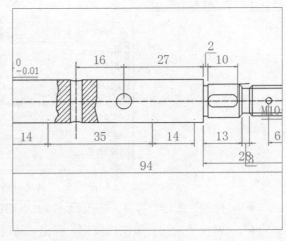

图 9-8 设置参数值　　　　　　　　　　　图 9-9 设置标注样式

专家提醒

与标注文字一样，进行尺寸标注也要首先根据绘图界限和绘图尺寸大小、根据绘制不同类型图形的需要来设置标注样式，也就是对标注尺寸的外观进行设置。在一个图形文件中，可能要经常设置多种尺寸标注样式。

"修改标注样式"对话框中各选项卡含义如下。

◆ "线"选项卡：设定尺寸线、尺寸界线、箭头和圆心标记的格式和特性。

◆ "符号和箭头"选项卡：设定箭头、圆心标记、弧长符号和折弯半径标注的格式和位置。

◆ "文字"选项卡：设定标注文字的格式、放置和对齐。

◆ "调整"选项卡：控制标注文字、箭头、引线和尺寸线的放置。

◆ "主单位"选项卡：设定主标注单位的格式和精度、标注文字的前缀和后缀。

◆ "换算单位"选项卡：指定标注测量值中换算单位的显示并设定其格式和精度。

◆ "公差"选项卡：指定标注文字中公差的显示及格式。

9.2.4 替代标注样式

使用标注样式替代，无需更改当前标注样式便可临时更改标注系统变量。标注样式替代是对当前标注样式中的指定设置所做的更改。它与在不更改当前标注样式的情况下更改尺寸标注系统变量等效。

	素材文件	光盘\素材\第9章\台灯.dwg
	效果文件	光盘\效果\第9章\台灯.dwg
	视频文件	光盘\视频\第9章\9.2.4 替代标注样式.mp4

步骤01 按【Ctrl+O】组合键，打开素材图形，如图9-10所示。

步骤02 输入D（标注样式）命令，按【Enter】键确认，弹出"标注样式管理器"对话框，单击"替代"按钮，如图9-11所示。

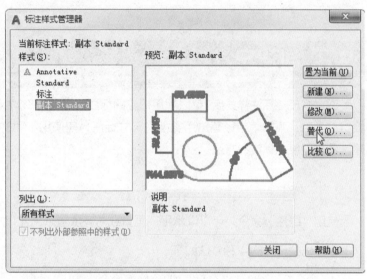

图 9-10 素材图形   图 9-11 "标注样式管理器"对话框

步骤03 弹出"替代当前样式：副本Standard"对话框，切换至"线"选项卡，设置所有线条"颜色"均为"蓝"；切换至"符号和箭头"选项卡，设置"第一个"箭头为"空心闭合"；切换至"主单位"选项卡，设置"精度"为0；切换至"文字"选项卡，设置"文字高度"为5，"颜色"为"蓝"，如图9-12所示。

步骤04 单击"确定"按钮，返回"标注样式管理器"对话框，选择替代标注样式并单击鼠标右键，在弹出的快捷菜单中选择"保存到当前样式"选项，单击"关闭"按钮，即可替代标注样式，效果如图9-13所示。

专家提醒

使用替代标注样式，可以为单独的标注或当前的标注样式定义替代标注样式。对于个别标注，可能需要在不创建其他标注样式的情况下创建替代样式，以便不显示标注的尺寸界线，或者修改文字和箭头的位置使它们不与图形中的几何图形重叠。

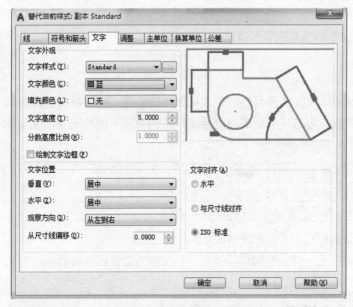

图 9-12 设置参数

图 9-13 替代标注样式

9.3 创建尺寸标注

设置好尺寸标注样式后,可以利用相应的标注命令对图形对象进行尺寸标注。在AutoCAD中,要标注长度、弧长、半径等常用类型的尺寸标注,应使用不同的标注命令。本节将向读者介绍创建常用类型尺寸标注的方法。

9.3.1 使用"线性"命令标注

使用"线性"命令,可以以水平、垂直或对齐放置来创建尺寸标注。

标注线性尺寸的4种方法如下。

◆ 命令行:输入 DIMLINEAR(快捷命令:DLI)命令。
◆ 菜单栏:选择菜单栏中的"标注"→"线性"命令。
◆ 按钮法1:切换至"默认"选项卡,单击"注释"面板中的"线性"按钮 ⊟。
◆ 按钮法2:切换至"注释"选项卡,单击"标注"面板中的"线性"按钮 ⊟。

	素材文件	光盘 \ 素材 \ 第 9 章 \ 钳座 .dwg
	效果文件	光盘 \ 效果 \ 第 9 章 \ 钳座 .dwg
	视频文件	光盘 \ 视频 \ 第 9 章 \9.3.1 使用 "线性" 命令标注 .mp4

步骤 01 按【Ctrl+O】组合键,打开素材图形,如图9-14所示。

步骤 02 在"功能区"选项板的"注释"选项卡中,单击"标注"面板中的"线性"按钮 ⊟,如图9-15所示。

步骤 03 在命令行提示下,依次捕捉左侧垂直直线的上下端点,向左引导光标,如图9-16所示。

步骤 04 在合适位置处,单击鼠标左键,即可标注线性尺寸,效果如图9-17所示。

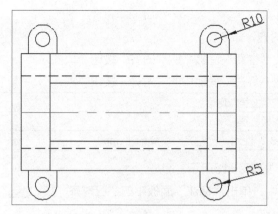

图 9-14 素材图形

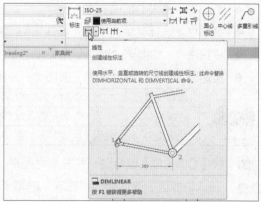

图 9-15 单击"线性"按钮

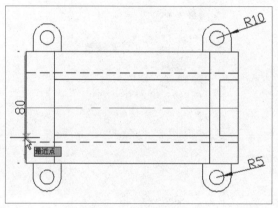

图 9-16 向左引导光标

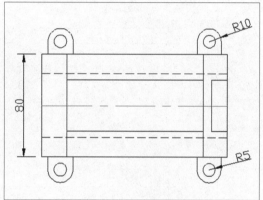

图 9-17 标注线性尺寸

执行"线性尺寸"命令后，命令行中的提示如下。

指定第一个尺寸界线原点或 < 选择对象 >：（指定点，或直接选择要标注的对象）

指定第二条尺寸界线原点：（指定第二个原点）

指定尺寸线位置或 [多行文字 (M)/ 文字 (T)/ 角度 (A)/ 水平 (H)/ 垂直 (V)/ 旋转 (R)]：（用于确定尺寸线的位置）

命令行中各选项含义如下。

◆ 多行文字（M）：显示在位文字编辑器，可用它来编辑标注文字。
◆ 文字（T）：在命令行中显示尺寸文字的自动测量值，用户可以修改尺寸值。
◆ 角度（A）：指定文字的倾斜角度，使尺寸文字倾斜标注。
◆ 水平（H）：创建水平尺寸标注。
◆ 垂直（V）：创建垂直尺寸标注。
◆ 旋转（R）：创建旋转线性标注。

9.3.2 使用"已对齐"命令标注

使用"已对齐"命令，可以创建与指定位置或对象平行的标注。

标注对齐尺寸的 4 种方法如下。

◆ 命令行：输入 DIMSTYLE 命令。

◆ 菜单栏：选择菜单栏中的"标注"→"对齐"命令。

◆ 按钮法1：切换至"默认"选项卡，单击"注释"面板中的"对齐"按钮 ↖。

◆ 按钮法2：切换至"注释"选项卡，单击"标注"面板中的"对齐"按钮 ↖。

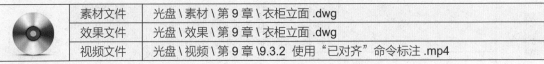

	素材文件	光盘 \ 素材 \ 第 9 章 \ 衣柜立面 .dwg
	效果文件	光盘 \ 效果 \ 第 9 章 \ 衣柜立面 .dwg
	视频文件	光盘 \ 视频 \ 第 9 章 \9.3.2 使用"已对齐"命令标注 .mp4

步骤 01　按【Ctrl＋O】组合键，打开素材图形，如图9-18所示。

步骤 02　在"功能区"选项板的"注释"选项卡中，单击"标注"面板中的"已对齐"按钮 ↖，如图9-19所示。

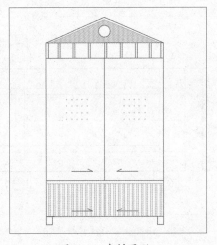

图 9-18 素材图形

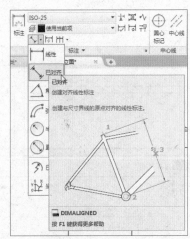

图 9-19 单击"已对齐"按钮

步骤 03　在命令行提示下，捕捉右上方倾斜直线的上下端点，并向右上方引导光标，如图9-20所示。

步骤 04　在绘图区中的合适位置上，单击鼠标左键，即可标注对齐尺寸，效果如图9-21所示。

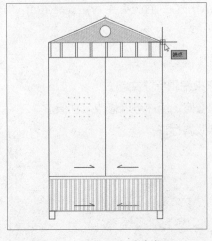

图 9-20 向右上方引导光标

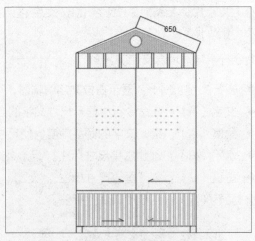

图 9-21 标注对齐尺寸

专家提醒

　　在为物体进行标注时可以进行快速标注，快速标注的命令是 qdim，注意在标注前记得将物体解组。

9.3.3 使用"半径"命令标注

半径标注可以标注圆或圆弧的半径尺寸，并显示前面带有半径符号的标注文字。

	素材文件	光盘\素材\第9章\手轮.dwg
	效果文件	光盘\效果\第9章\手轮.dwg
	视频文件	光盘\视频\第9章\9.3.3 使用"半径"命令标注.mp4

步骤 01 按【Ctrl＋O】组合键，打开素材图形，如图9-22所示。

步骤 02 在"功能区"选项板的"注释"选项卡中，单击"标注"面板中的"半径"按钮，如图9-23所示。

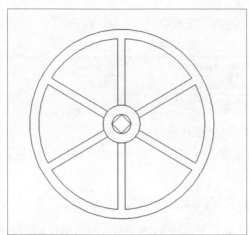

图 9-22 素材图形

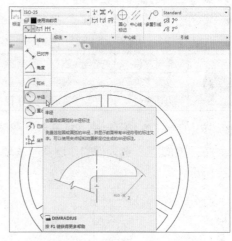

图 9-23 单击"半径"按钮

步骤 03 在命令行提示下，选择最大的圆对象，向右上方引导光标，如图9-24所示。

步骤 04 按【Enter】键确认，即可标注半径尺寸，如图9-25所示。

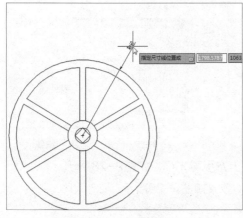

图 9-24 向右上方引导光标

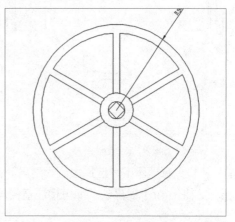

图 9-25 标注半径尺寸

标注半径尺寸的 4 种方法如下。

● 命令行：输入 DIMRADIUS 命令。

● 菜单栏：选择菜单栏中的"标注"→"半径"命令。

● 按钮法 1：切换至"默认"选项卡，单击"注释"面板中的"半径"按钮 ◎ 。

● 按钮法 2：切换至"注释"选项卡，单击"标注"面板中的"半径"按钮 ◎ 。

9.3.4 使用"直径"命令标注

直径标注用于测量选定圆或圆弧的直径，并显示前面带有直径符号的标注文字。

标注直径尺寸的 4 种方法如下。

◆ 命令行：输入 DIMDIAMETER 命令。

◆ 菜单栏：选择菜单栏中的"标注"→"直径"命令。

◆ 按钮法 1：切换至"默认"选项卡，单击"注释"面板中的"直径"按钮 ◎ 。

◆ 按钮法 2：切换至"注释"选项卡，单击"标注"面板中的"直径"按钮 ◎ 。

	素材文件	光盘 \ 素材 \ 第 9 章 \ 四人桌 .dwg
	效果文件	光盘 \ 效果 \ 第 9 章 \ 四人桌 .dwg
	视频文件	光盘 \ 视频 \ 第 9 章 \9.3.4 使用"直径"命令标注 .mp4

步骤 01 按【Ctrl＋O】组合键，打开素材图形，如图9-26所示。

步骤 02 在"功能区"选项板的"注释"选项卡中，单击"标注"面板中的"直径"按钮 ◎ ，如图9-27所示。

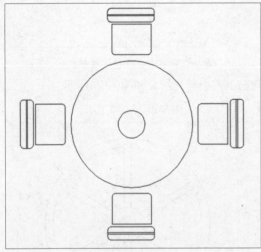

图 9-26 素材图形

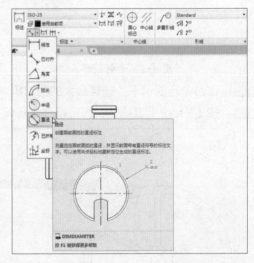

图 9-27 单击"直径"按钮

步骤 03 在命令行提示下，选择大圆为对象，向右上方引导光标，如图9-28所示。

步骤 04 按【Enter】键确认，即可标注直径尺寸，效果如图9-29所示。

　　直径尺寸常用于标注圆的大小。在标注时，AutoCAD 将自动在标注文字的前面添加直径符号。

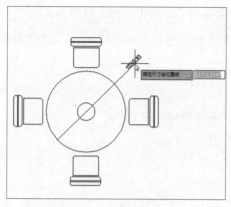

图 9-28 向右上方引导光标

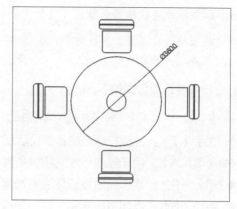

图 9-29 标注直径尺寸

9.3.5 使用"弧长"命令标注

使用"弧长"命令，用于测量圆弧或多段线圆弧段上的距离。弧长标注的典型用法包括测量围绕凸轮的距离或表示电缆的长度。

标注弧长尺寸的 4 种方法如下。

◆ 命令行：输入 DIMARC 命令。

◆ 菜单栏：选择菜单栏中的"标注"→"弧长"命令。

◆ 按钮法 1：切换至"默认"选项卡，单击"注释"面板中的"弧长"按钮 ⌒ 。

◆ 按钮法 2：切换至"注释"选项卡，单击"标注"面板中的"弧长"按钮 ⌒ 。

	素材文件	光盘 \ 素材 \ 第 9 章 \ 后盖 .dwg
	效果文件	光盘 \ 效果 \ 第 9 章 \ 后盖 .dwg
	视频文件	光盘 \ 视频 \ 第 9 章 \9.3.5 使用"弧长"命令标注 .mp4

步骤 01 按【Ctrl＋O】组合键，打开素材图形，如图9-30所示。

步骤 02 在"功能区"选项板的"注释"选项卡中，单击"标注"面板中的"弧长"按钮 ⌒ ，在命令行提示下，选择右侧的大圆弧对象，向右上方引导光标；在合适位置处单击鼠标左键，即可创建弧长尺寸标注，效果如图9-31所示。

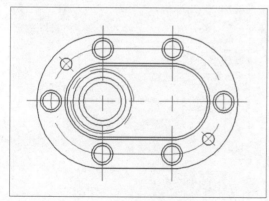

图 9-30 素材图形

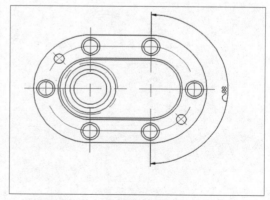

图 9-31 创建弧长尺寸标注

执行"弧长尺寸"命令后，命令行提示如下。

选择弧线段或多段线圆弧段：（选择需要标注的圆弧对象，按【Enter】键确认）

指定弧长标注位置或 [多行文字 (M)/ 文字 (T)/ 角度 (A)/ 部分 (P)/ 引线 (L)]：（用于指定尺寸线的位置并确定尺寸界线的方向）

命令行中各选项含义如下。

◆ 多行文字（M）：显示在位文字编辑器，可用它来编辑标注文字。

◆ 文字（T）：生成的标注测量值显示在尖括号中。

◆ 角度（A）：用于修改标注文字的角度。

◆ 部分（P）：用于缩短弧长标注的长度。

◆ 引线（L）：添加引线对象。仅当圆弧（或圆弧段）大于 90 度时会显示此选项。引线是按径向绘制的，指向所标注圆弧的圆心。

9.3.6 使用"角度"命令标注

使用"角度"命令，可以测量两条直线或三个点之间的角度。

标注角度尺寸的 4 种方法如下。

◆ 命令行：输入 DIMANGULAR 命令。

◆ 菜单栏：选择菜单栏中的"标注"→"角度"命令。

◆ 按钮法 1：切换至"默认"选项卡，单击"注释"面板中的"角度"按钮 △。

◆ 按钮法 2：切换至"注释"选项卡，单击"标注"面板中的"角度"按钮 △。

素材文件	光盘 \ 素材 \ 第 9 章 \ 办公桌 .dwg	
效果文件	光盘 \ 效果 \ 第 9 章 \ 办公桌 .dwg	
视频文件	光盘 \ 视频 \ 第 9 章 \9.3.6 使用"角度"命令标注 .mp4	

步骤 01 按【Ctrl＋O】组合键，打开素材图形，如图9-32所示。

步骤 02 在"功能区"选项板的"注释"选项卡中，单击"标注"面板中的"角度"按钮 △，如图9-33所示。

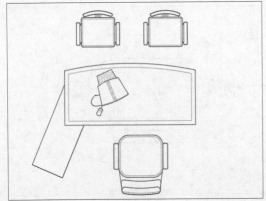

图 9-32 素材图形

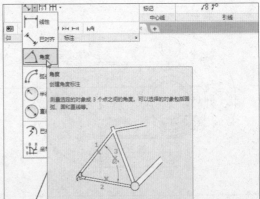

图 9-33 单击"角度"按钮

步骤 03 在命令行提示下，依次选择办公桌相应的夹角线，向右下方引导光标，显示角度标注对象，如图9-34所示。

步骤 04 移动鼠标，至合适位置后单击鼠标左键，即可标注角度尺寸对象，如图9-35所示。

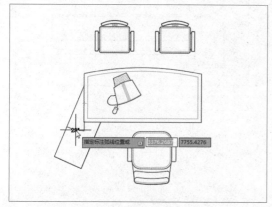

图 9-34 显示角度标注对象

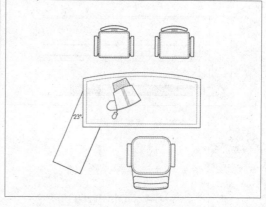

图 9-35 标注角度尺寸

9.3.7 使用"已折弯"命令标注

在 AutoCAD 2017 中，使用"已折弯"命令可以测量选定对象的半径，显示前面带有一个半径符号的标注文字。

	素材文件	光盘\素材\第9章\棉被.dwg
	效果文件	光盘\效果\第9章\棉被.dwg
	视频文件	光盘\视频\第9章\9.3.7 使用"已折弯"命令标注.mp4

步骤 01 按【Ctrl＋O】组合键，打开素材图形，如图9-36所示。

步骤 02 在"功能区"选项板的"注释"选项卡中，单击"标注"面板中的"已折弯"按钮，如图9-37所示。

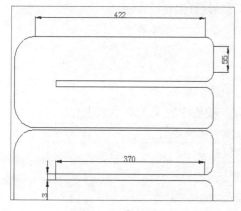

图 9-36 素材图形

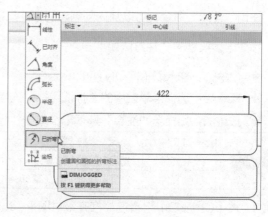

图 9-37 单击"已折弯"按钮

步骤 03 在命令行提示下，选择左下方的圆弧对象，捕捉圆弧中点，如图9-38所示。

步骤 04 在合适位置处单击鼠标左键，按【Enter】键确认，即可标注折弯尺寸，效果如图9-39所示。

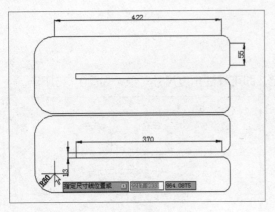

图 9-38 捕捉圆弧中点

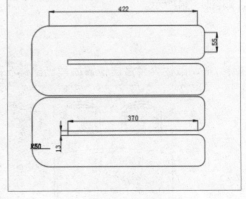

图 9-39 标注折弯尺寸

专家提醒

标注折弯尺寸的 4 种方法如下。

- 命令行：输入 DIMJOGGED 命令。
- 菜单栏：选择菜单栏中的"标注"→"折弯"命令。
- 按钮法 1：切换至"默认"选项卡，单击"注释"面板中的"已折弯"按钮 ⚡。
- 按钮法 2：切换至"注释"选项卡，单击"标注"面板中的"已折弯"按钮 ⚡。

9.4 创建其他尺寸标注

在 AutoCAD 2017 中，除了前面所介绍的几种常用尺寸标注方法外，读者还可以应用连续尺寸标注、快速尺寸标注、基线尺寸标注等。

9.4.1 应用连续尺寸标注

使用"连续"命令，可以从先前创建的标注尺寸界线处开始创建标注。

标注连续尺寸的 3 种方法如下。

- ◆ 命令行：输入 DIMCONTINUE 命令。
- ◆ 菜单栏：选择菜单栏中的"标注"→"连续"命令。
- ◆ 按钮法：切换至"注释"选项卡，单击"标注"面板中的"连续"按钮 ⊞。

素材文件	光盘 \ 素材 \ 第 9 章 \ 盘件剖视图 .dwg
效果文件	光盘 \ 效果 \ 第 9 章 \ 盘件剖视图 .dwg
视频文件	光盘 \ 视频 \ 第 9 章 \9.4.1 应用连续尺寸标注 .mp4

步骤 01 按【Ctrl+O】组合键，打开素材图形，如图9-40所示。

步骤 02 在"功能区"选项板的"注释"选项卡中，单击"标注"面板中的"连续"按钮 ⊞，如图9-41所示。

步骤 03 在命令行提示下，选择尺寸标注，并在最上方的端点上，单击鼠标左键，如图9-42所示。

步骤 04 执行操作后即可连续标注尺寸，效果如图9-43所示。

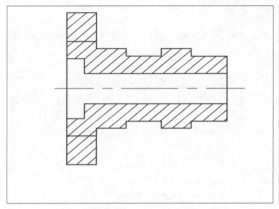

图 9-40 素材图形

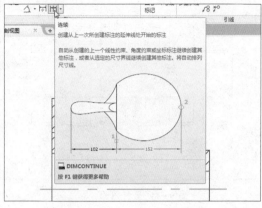

图 9-41 单击"连续"按钮

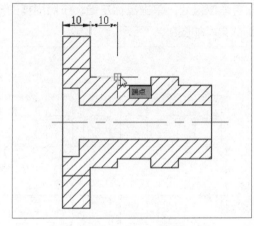

图 9-42 标注连续尺寸

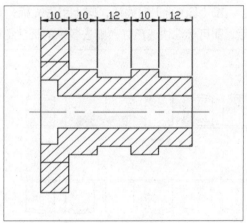

图 9-43 标注连续尺寸

9.4.2 应用快速尺寸标注

使用快速标注可以快速创建成组的基线标注、连续标注、阶梯标注和坐标尺寸标注。快速尺寸标注允许同时标注多个对象的尺寸，也可以对现有的尺寸标注进行快速编辑，还可以创建新的尺寸标注。

标注快速尺寸的 3 种方法如下。

◆ 命令行：输入 QDIM 命令。

◆ 菜单栏：选择菜单栏中的"标注"→"快速标注"命令。

◆ 按钮法：切换至"注释"选项卡，单击"标注"面板中的"快速"按钮 。

素材文件	光盘 \ 素材 \ 第 9 章 \ 宴会桌 dwg	
效果文件	光盘 \ 效果 \ 第 9 章 \ 宴会桌 .dwg	
视频文件	光盘 \ 视频 \ 第 9 章 \9.4.2 应用快速尺寸标注 .mp4	

步骤 01 按【Ctrl＋O】组合键，打开素材图形，如图9-44所示。

步骤 02 在"功能区"选项板的"注释"选项卡中，单击"标注"面板中的"快速"按钮 ，如图9-45所示。

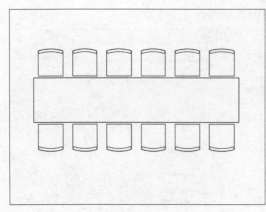

图 9-44 素材图形

图 9-45 单击"快速"按钮

步骤 03 在命令行提示下，选择上方合适的直线对象，如图9-46所示。

步骤 04 按【Enter】键确认，向上引导光标，在合适位置处，单击鼠标左键；按照同样的方法操作后，即可标注快速尺寸，删去多余的标注得到效果，如图9-47所示。

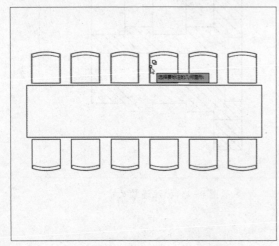

图 9-46 选择合适的直线对象

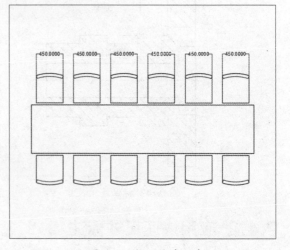

图 9-47 标注快速尺寸

执行"快速标注"命令后，命令行提示如下。

关联标注优先级 = 端点

选择要标注的几何图形：（选择要标注尺寸的多个对象）

指定尺寸线位置或 [连续 (C)/ 并列 (S)/ 基线 (B)/ 坐标 (O)/ 半径 (R)/ 直径 (D)/ 基准点 (P)/ 编辑 (E)/ 设置 (T)] < 连续 >：

命令行中各选项含义如下。

◆ 连续（C）：用于创建一系列连续标注。

◆ 并列（S）：用于创建一系列并列标注。

◆ 基线（B）：用于创建一系列基线标注。

◆ 坐标（O）：用于创建一系列坐标标注。

◆ 半径（R）：用于创建一系列半径标注。

◆ 直径（D）：用于创建一系列直径标注。

◆ 基准点（P）：为基线标注和坐标标注设定新的基准点。

◆ 编辑（E）：编辑一系列标注。将提示用户在现有标注中添加或删除点。

◆ 设置（T）：为指定尺寸界线原点设置默认对象捕捉。

9.4.3 应用基线尺寸标注

基线标注是自同一基线处标注的多个尺寸。在创建基线标注或连续标注之前，必须创建线性标注、对齐标注或角度标注。

标注基线尺寸的 3 种方法如下。

◆ 命令行：输入 DIMBASELINE 命令。

◆ 菜单栏：选择菜单栏中的"标注"→"基线"命令。

◆ 按钮法：切换至"注释"选项卡，单击"标注"面板中的"基线"按钮 🗔。

素材文件	光盘 \ 素材 \ 第 9 章 \ 电路图 .dwg	
效果文件	光盘 \ 效果 \ 第 9 章 \ 电路图 .dwg	
视频文件	光盘 \ 视频 \ 第 9 章 \9.4.3 应用基线尺寸标注 .mp4	

步骤 01 按【Ctrl＋O】组合键，打开素材图形，如图9-48所示。

步骤 02 在"功能区"选项板的"注释"选项卡中，单击"标注"面板中的"基线"按钮🗔，如图9-49所示。

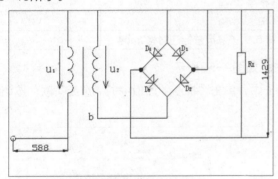

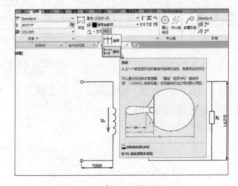

图 9-48 素材图形   图 9-49 单击"基线"按钮

步骤 03 在命令行提示下，选择最下方的尺寸标注对象，如图9-50所示。

步骤 04 依次在最下方的端点上单击，按【Enter】键确认，即可标注基线尺寸，如图如图9-51所示。

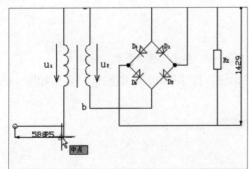

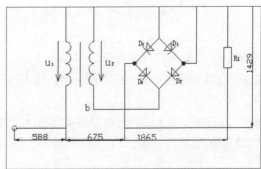

图 9-50 选择最下方尺寸标注对象   图 9-51 标注基线尺寸

9.5 设置尺寸标注

　　AutoCAD 提供的尺寸标注功能是一种半自动标注，它只要求用户输入较少的标注信息，其他参数是通过标注样式的设置来确定的。

9.5.1 关联尺寸标注对象

　　尺寸关联是指所标注的尺寸与被标注对象的关联关系。如果标注的尺寸值是按自动测量值标注，且尺寸标注是按尺寸关联模式标注的，那么改变被标注对象的大小后，相应的标注尺寸也将发生改变，即尺寸界线、尺寸线的位置都将改变到相应的新位置，尺寸值也变成新的测量值。反之，若改变尺寸界线的起始点位置，尺寸值将不发生相应变化。

　　使用"重新关联标注"命令，可对非关联标注的尺寸标注进行关联。

　　关联尺寸标注的 3 种方法如下。

◆ 命令行：输入 DIMREASSOCIATE 命令。

◆ 菜单栏：选择菜单栏中的"标注"→"重新关联标注"命令。

◆ 按钮法：切换至"注释"选项卡，单击"标注"面板中的"重新关联"按钮 ⊡。

素材文件	光盘 \ 素材 \ 第 9 章 \ 轴承 .dwg
效果文件	光盘 \ 效果 \ 第 9 章 \ 轴承 .dwg
视频文件	光盘 \ 视频 \ 第 9 章 \9.5.1 关联尺寸标注对象 .mp4

步骤 01　按【Ctrl＋O】组合键，打开素材图形，如图9-52所示。

步骤 02　在"功能区"选项板的"注释"选项卡中，单击"标注"面板中的"重新关联"按钮 ⊡，如图9-53所示。

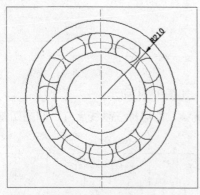

图 9-52　素材图形

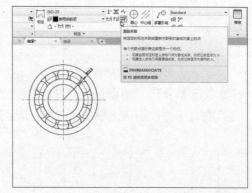

图 9-53　单击"重新关联"按钮

步骤 03　在命令行提示下，在绘图区中选择半径尺寸标注，按【Enter】键确认，效果如图9-54所示。

步骤 04　选择最外侧大圆，即可重新关联标注，效果如图9-55所示。

专家提醒

　　与关联尺寸相对应的就是非关联尺寸，当用户标注尺寸时，系统就会提示输入的数值，输入的数值是任意的，与具体需要标注的长度无关。

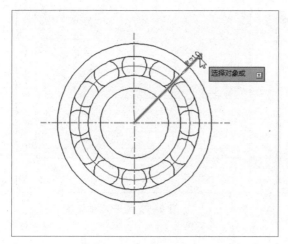

图 9-54 选择半径尺寸标注

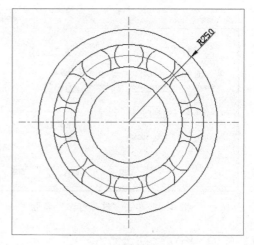

图 9-55 重新关联标注

9.5.2 检验尺寸标注

检验尺寸标注可以有效传达检查所制造的部件，以确保标注值和部件公差位于指定范围。

素材文件	光盘 \ 素材 \ 第 9 章 \ 厨具 .dwg	
效果文件	光盘 \ 效果 \ 第 9 章 \ 厨具 .dwg	
视频文件	光盘 \ 视频 \ 第 9 章 \9.5.2 检验尺寸标注 .mp4	

步骤 01 按【Ctrl＋O】组合键，打开素材图形，如图9-56所示。

步骤 02 在"功能区"选项板的"注释"选项卡中，单击"标注"面板中的"检验"按钮 ，如图9-57所示。

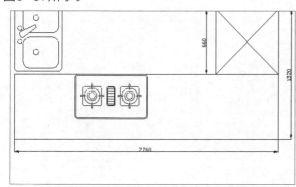

图 9-56 素材图形

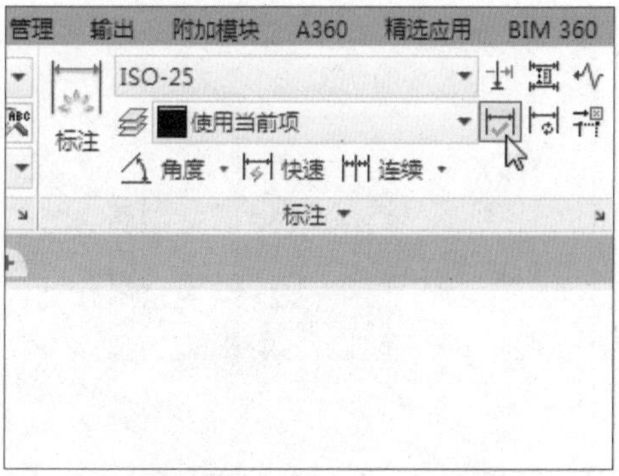

图 9-57 单击"检验"按钮

步骤 03 弹出"检验标注"对话框，单击"选择标注"按钮，如图9-58所示。

步骤 04 在命令行提示下，选择最下方的尺寸标注，按【Enter】键确认，返回"检验标注"对话框，单击"确定"按钮，即可检验尺寸标注，如图9-59所示。

专家提醒

检验尺寸标注的 3 种方法如下。

● 命令行：输入 DIMINSPECT 命令。

● 菜单栏：选择菜单栏中的"标注"→"检验"命令。

● 按钮法：切换至"注释"选项卡，单击"标注"面板中的"检验"按钮 。

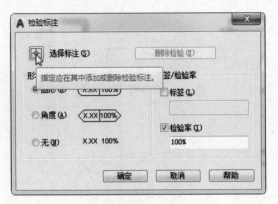

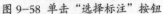

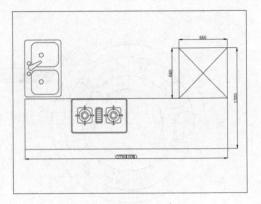

图 9-58 单击"选择标注"按钮　　　　　　　　图 9-59 检验尺寸标注

9.5.3 编辑标注文字

在 AutoCAD 2017 中，用户可以编辑标注尺寸的文字内容。

	素材文件	光盘 \ 素材 \ 第 9 章 \ 六人餐桌 .dwg
	效果文件	光盘 \ 效果 \ 第 9 章 \ 六人餐桌 .dwg
	视频文件	光盘 \ 视频 \ 第 9 章 \9.5.3 编辑标注文字 .mp4

步骤 01 按【Ctrl+O】组合键，打开素材图形，如图9-60所示。

步骤 02 在上方的长度为"2432.9171"的尺寸标注上双击鼠标左键，弹出"文字编辑器"选项卡和文本框，输入"六人餐桌"，在绘图区中的空白处单击鼠标左键，即可编辑标注文字，如图9-61所示。

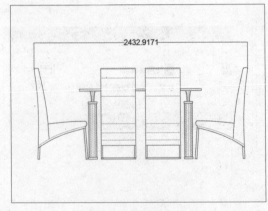

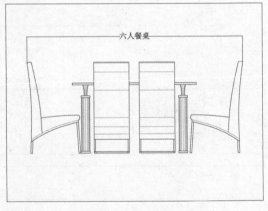

图 9-60 素材图形　　　　　　　　　　　图 9-61 编辑标注文字

10
Chapter

创建三维绘图环境

学前提示

AutoCAD 2017除了具有强大的二维绘图功能外，其三维绘图功能也十分强大。本章将介绍有关三维图形绘制的基础知识，包括三维坐标系，以及运用导航工具、漫游、飞行和相机等观察三维图形等。通过本章的学习，读者可以初步掌握三维图形绘制知识。

本章教学目标

● 创建三维坐标系
● 观察三维图形对象
● 设置与显示三维模型
● 创建投影样式

学完本章后你会做什么

● 掌握创建三维坐标系的操作，如创建世界坐标系、圆柱坐标系等
● 掌握观察三维图形操作，如图形的动态观察、观察图形的视点等
● 掌握设置三维投影样式的操作，如创建投影视图、平面视图等

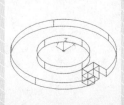
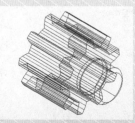

10.1 创建三维坐标系

在三维空间创建对象时，可以使用笛卡尔坐标系、圆柱坐标系和球面坐标系定位点，同时可以创建三维用户坐标系。本节将详细地介绍创建三维坐标系的方法。

10.1.1 创建世界坐标系

世界坐标系也称为通用坐标系或绝对坐标系，它的原点和方向始终保持不变。三维世界坐标系是在二维世界坐标系的基础上增加 Z 轴而形成的，三维世界坐标系是其他三维坐标系的基础，不能对其进行重定义。

素材文件	光盘 \ 素材 \ 第 10 章 \ 外舌止动垫圈 .dwg	
效果文件	光盘 \ 效果 \ 第 10 章 \ 外舌止动垫圈 .dwg	
视频文件	光盘 \ 视频 \ 第 10 章 \10.1.1 创建世界坐标系 .mp4	

步骤 01 按【Ctrl + O】组合键，打开素材图形，如图10-1所示。

步骤 02 输入UCS（坐标系）命令，按【Enter】键确认，在命令行提示下，输入W（世界）选项并确认，即可创建世界坐标系，如图10-2所示。

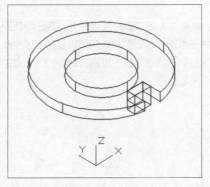

图 10-1 素材图形

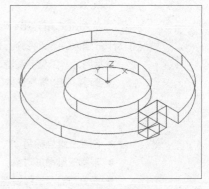

图 10-2 创建世界坐标系

10.1.2 创建圆柱坐标系

圆柱坐标系用XY平面距离、XY平面角度和Z坐标来表示，如图10-3所示。其格式包括："XY平面距离 <XY 平面角度，Z 坐标（绝对坐标）"和"@XY 平面距离 <XY 平面角度，Z 坐标（相对坐标）"两种。

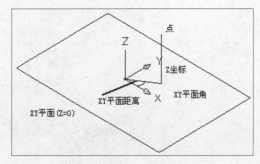

图 10-3 圆柱坐标系

10.1.3 创建球面坐标系

球面坐标系共有 3 个参数，分别是点到原点的距离、在 XY 平面上的角度和 XY 平面的夹角，如图 10-4 所示。

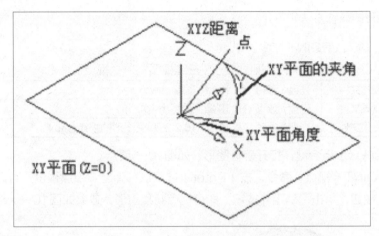

图 10-4 球面坐标系

其格式包括："XYZ 距离 <XY 平面角度 <XY 平面的夹角（绝对坐标）"和"@XYZ 距离 <XY 平面角度 <XY 平面的夹角（相对坐标）"两种。

10.2 观察三维图形对象

在三维建模空间中，使用三维动态观察器、相机、漫游和飞行可以从不同的角度、距离和高度查看图形中的对象，从而实时地控制和改变当前视口中创建的三维视图。

10.2.1 图形的动态观察

使用"动态观察"命令可以在当前视口中创建一个三维视图，用户可以使用鼠标实时控制和改变视图，以得到不同的观察效果。

执行操作的几种方法如下。

◆ 命令行：输入 3DORBIT 命令。

◆ 菜单栏：选择菜单栏中的"视图"→"动态观察"→"受约束的动态观察"命令。

◆ 导航面板：单击导航面板中的"动态观察"按钮 。

◆ 动态观察包括受约束的动态观察、自由动态观察和连续动态观察 3 种方式。

◆ 受约束的动态观察：受约束的动态观察可以查看整个图形，进入受约束的动态观察状态时，光标在视图中显示为两条线环绕着的小球体，拖动鼠标可以沿 XY 轴和 Z 轴约束三维动态观察。

◆ 自由动态观察：自由动态观察视图显示一个导航球，它被更小的圆分成 4 个区域。导航球的中心成为目标点，使用三维动态观察器后，被观察的目标保持静止不动，而视点可以绕目标点在三维空间转动。

◆ 连续动态观察：使用连续动态观察可以连续、动态地观察图形，当光标在绘图区时，按住鼠标左键，并沿任何方向拖动鼠标，可以使对象沿着拖动的方向开始旋转。

10.2.2 观察图形的视点

在 AutoCAD 2017 中，使用"视点"命令也可以为当前视口设置视点，该视点均是相对于 WCS 坐标系的。

视点观察图形的两种方法如下。

◆ 命令行：输入 VPOINT 命令。
◆ 菜单栏：选择菜单栏中的"视图"→"三维视图"→"视点"命令。

素材文件	光盘\素材\第 10 章\圆筒.dwg
效果文件	光盘\效果\第 10 章\圆筒.dwg
视频文件	光盘\视频\第 10 章\10.2.2 观察图形的视点.mp4

步骤 01 按【Ctrl+O】组合键，打开素材图形，如图10-5所示。

步骤 02 输入VPOINT（视点）命令，按【Enter】键确认，弹出"视点预设"对话框，单击"设置为平面视图"按钮；单击"确定"按钮，即可视点观察图形，效果如图10-6所示。

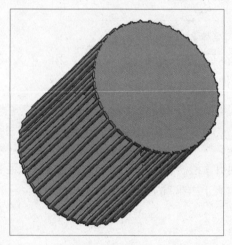

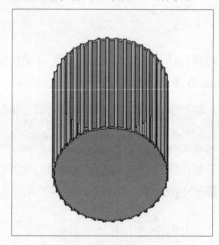

图 10-5 素材图形　　　　　　　　　　　图 10-6 视点观察图形

专家提醒

在建模过程中，一般使用三维动态观察器来观察方向，而在最终输入渲染或着色模型时，使用 DDVPOINT 命令或 VOPINT 命令指定精确的查看方向。

10.2.3 运用相机观察图形

在 AutoCAD 2017 中，通过在模型空间中放置相机和根据需要调整相机设置，可以定义三维视图。

相机观察图形的两种方法如下。

◆ 命令行：输入 CAMERA（快捷命令：CAM）命令。
◆ 菜单栏：选择菜单栏中的"视图"→"创建相机"命令。

素材文件	光盘\素材\第 10 章\大链轮.dwg
效果文件	光盘\效果\第 10 章\\大链轮.dwg
视频文件	光盘\视频\第 10 章\10.2.3 运用相机观察图形.mp4

步骤 01 按【Ctrl + O】组合键，打开素材图形，如图10-7所示。

步骤 02 输入CAM（相机）命令，按【Enter】键确认，在命令行提示下，在绘图区中出现一个相机光标，在绘图区中的最上方中心点处，单击鼠标左键并拖曳，确定相机位置，在下方合适的端点上单击鼠标左键，确定目标位置，如图10-8所示。

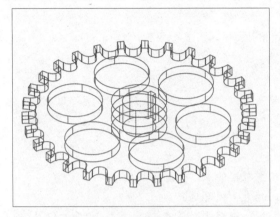

图 10-7 素材图形

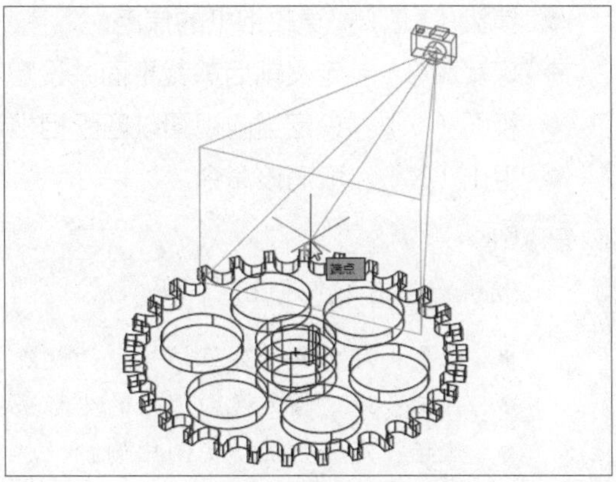

图 10-8 确定目标位置

步骤 03 输入LE（镜头）选项，按【Enter】键确认，输入50，连续按两次【Enter】键确认，即可创建相机，并在绘图区中出现一个相机图形，如图10-9所示。

步骤 04 在相机图形上单击鼠标左键，弹出"相机预览"对话框，如图10-10所示，即可使用相机观察图形。

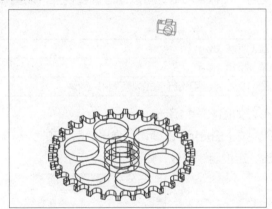

图 10-9 显示相机图形

图 10-10 "相机预览"对话框

执行"相机"命令后，命令行提示如下。

当前相机设置：高度 =0 焦距 =50 毫米

指定相机位置：（设定模型中对象的点）

指定目标位置：（设定相机镜头的目标位置）

输入选项 [？ / 名称 (N)/ 位置 (LO)/ 高度 (H)/ 坐标 (T)/ 镜头 (LE)/ 剪裁 (C)/ 视图 (V)/ 退出 (X)]
< 退出 >：（输入相对应的选项参数，或直接按【Enter】键确认结束操作）

命令行中各选项含义如下。

◆ 列出相机：显示当前已定义相机的列表。

◆ 名称（N）：给相机命名。

◆ 位置（LO）：指定相机的位置。

◆ 高度（H）：更改相机高度。

◆ 坐标（T）：指定相机的坐标位置。

◆ 镜头（LE）：更改相机的焦距。

◆ 剪裁（C）：定义前后剪裁平面并设定它们的值。

◆ 视图（V）：设定当前视图以匹配相机设置。

◆ 退出（X）：取消该命令。

专家提醒

相机有以下 4 个属性。

● 位置：定义要观察三维模型的起点。

● 目标：通过指定视图中心的坐标来定义要观察的点。

● 焦距：定义相机镜头的比例特性。焦距越大，视野越窄。

● 前向和后向剪裁平面: 指定剪裁平面的位置。剪裁平面是定义(或剪裁)视图的边界。在相机视图中，将隐藏相机与前向剪裁平面之间和后向剪裁平面与目标之间的所有对象。

10.2.4 运用飞行模式观察图形

"飞行"工具用于模拟在模型中飞行。使用"飞行"命令，可以动态调整视点，以查看三维动态效果。

素材文件	光盘 \ 素材 \ 第 10 章 \ 瓶塞 .dwg
效果文件	光盘 \ 效果 \ 第 10 章 \ 瓶塞 .dwg
视频文件	光盘 \ 视频 \ 第 10 章 \10.2.4 运用飞行模式观察图形 .mp4

步骤 01　按【Ctrl＋O】组合键，打开素材图形，如图10-11所示。

步骤 02　在命令行中输入3DFLY（飞行）命令，按【Enter】键确认，弹出"漫游和飞行-更改为透视视图"对话框，单击"修改"按钮，弹出"定位器"面板，如图10-12所示。

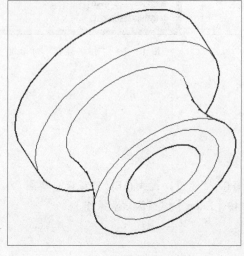

图 10-11　素材图形

图 10-12　"定位器"面板

步骤 03 选择指示器，按住鼠标左键并向右拖曳，在合适的位置上释放鼠标按键，选择指示器，效果如图10-13所示。

步骤 04 关闭面板，全部显示模型，即可使用飞行模式观察三维模型，效果如图10-14所示。

图 10-13 拖曳鼠标

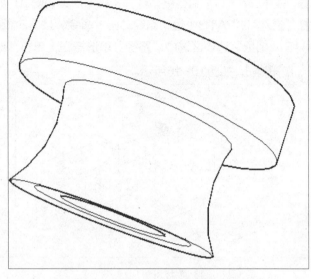

图 10-14 使用飞行模式观察三维模型

飞行模式观察图形的两种方法如下。

◆ 命令行：输入 3DFLY 命令。

◆ 菜单栏：选择菜单栏中的"视图"→"漫游和飞行"→"飞行"命令。

◆ "定位器"面板中各主要选项含义如下。

◆ "放大"按钮：放大"定位器"面板中显示的内容。

◆ "缩小"按钮：缩小"定位器"面板中显示的内容。

◆ "范围缩放"按钮：缩放到"定位器"面板中显示内容的范围。

◆ "预览"选项区：显示在模型中的当前位置。

◆ "位置指示器颜色"列表框：设定显示当前位置的点的颜色。

◆ "位置指示器尺寸"列表框：设定指示器的尺寸。

◆ "位置指示器闪烁"列表框：打开或关闭闪烁效果。

◆ "位置 Z 坐标"文本框：用于指定位置指示器的 Z 坐标值。

◆ "目标指示器"列表框：显示视图目标。

◆ "目标指示器颜色"列表框：设定目标指示器的颜色。

◆ "目标 Z 坐标"文本框：指定目标位置指示器的 Z 坐标值。

◆ "预览透明度"列表框：设定预览窗口的透明度。

◆ "预览视觉样式"列表框：设定预览的视觉样式。

10.2.5 观察动画运动路径

用户使用运动路径动画可以形象地演示模型，可以录制和回放导航过程，以动态传达设计意图。要使用运动路径来创建动画，可以将相机及其目标链接到某个点或某条路径上。

素材文件	光盘 \ 素材 \ 第 10 章 \ 插头 .dwg
效果文件	光盘 \ 效果 \ 第 10 章 \ 插头 .wmv
视频文件	光盘 \ 视频 \ 第 10 章 \10.2.5 观察动画运动路径 .mp4

步骤 01 按【Ctrl＋O】组合键，打开素材图形，如图10-15所示。

步骤 02 输入ANIPATH（运动路径动画）命令，按【Enter】键确认，弹出"运动路径动画"对话框，在"相机"选项区选中"路径"单选按钮，单击"选择相机所在位置的点或沿相机运动的路径"按钮 ✛ ，如图10-16所示。

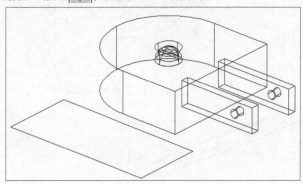

图 10-15 素材图形

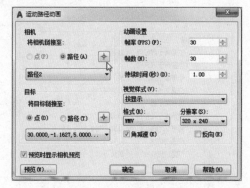

图 10-16 单击相应的按钮

步骤 03 在命令行提示下，在绘图区中的矩形上单击鼠标左键，弹出"路径名称"对话框，保持默认名称，如图10-17所示。

步骤 04 单击"确定"按钮，返回"运动路径动画"对话框，在"目标"选项区中，选中"点"单选按钮，单击"选择目标的点或路径"按钮。切换至绘图区，拾取两个插头的中心点为相机目标点，按【Enter】键确认，弹出"点名称"对话框，保持默认名称，如图10-18所示。

图 10-17 "路径名称"对话框

图 10-18 "点名称"对话框

运动路径观察的两种方法如下。

◆ 命令行：输入 ANIPATH 命令。

◆ 菜单栏：选择菜单栏中的"视图"→"运动路径动画"命令。

◆ "运动路径动画"对话框中各主要选项含义如下。

◆ "相机"选项区：将相机链接至图形中的静态点或运动路径。

◆ "点"单选按钮：将相机链接至图形中的静态点。

◆ "路径"单选按钮：将相机链接至图形中的运动路径。

◆ "选择相机所在位置的点或沿相机运动的路径"按钮：选择相机所在位置的点或沿相机运动所沿的路径，这取决于选择的是"点"还是"路径"。

◆ "点 / 路径列表"下拉列表框：显示可以链接相机的命名点或路径列表。

◆ "目标"选项区：将目标链接至点或路径。

◆ "帧率"数值框：动画运行的速度，以每秒帧数为单位计量。

◆ "帧数"数值框：指定动画中总帧数。

◆ "持续时间（秒）"数值框：指定动画的持续时间（以节为单位）。

◆ "视觉样式"下拉列表框：选择可应用于动画文件的视觉样式和渲染预设。

◆ "格式"下拉列表框：选择动画格式。

◆ "分辨率"下拉列表框：以屏幕显示单位定义生成的动画的宽度和高度。

步骤 05 单击"确定"按钮，返回"运动路径动画"对话框，此时对话框中的设置如图10-19所示，单击"预览"按钮。

步骤 06 弹出"动画预览"对话框，开始自动播放动画，如图10-20所示。

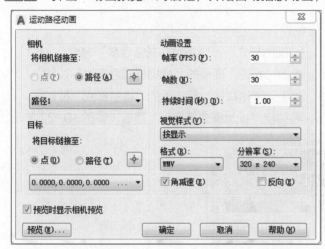

图 10-19 "运动路径动画"对话框

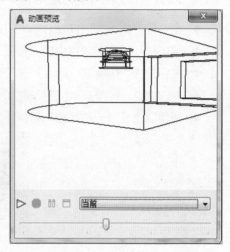

图 10-20 "动画预览"对话框

步骤 07 单击"关闭"按钮，返回"运动路径动画"对话框，单击"确定"按钮，弹出"另存为"对话框，设置文件名和保存路径，如图10-21所示，单击"保存"按钮，弹出"正在创建视频"对话框，即可保存运动路径动画。

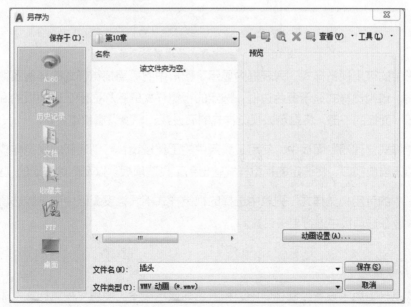

图 10-21 "另存为"对话框

10.3 设置与显示三维模型

在创建三维模型的过程中，可以采用不同的三维图形模式表现出图形的特点，本节将详细地介绍设置模型显示的操作方法。

10.3.1 了解视觉样式管理器

在"视觉样式管理器"命令中，可以创建和修改视觉样式。

视觉样式管理器的 4 种方法如下。

◆ 命令行：输入 VISUALSTYLES 命令。

◆ 菜单栏：选择菜单栏中的"视图"→"视觉样式"→"视觉样式管理器"命令。

◆ 按钮法 1：切换至"默认"选项卡，单击"视图"面板的"视觉样式管理器"按钮。

◆ 按钮法 2：切换至"视图"选项卡，单击"视觉样式"面板中的"视觉样式"按钮 。

◆ 采用以上任意一种方式执行操作后，将弹出"视觉样式管理器"面板，如图 10-22 所示。

图 10-22 "视觉样式管理器"面板

在"图形中的可用视觉样式"列表框中显示了图形中的可用视觉样式的样例图像。当选定某一视觉样式时，该视觉样式显示黄色边框，选定的视觉样式的名称显示在选项板的底部。在"视觉样式管理器"面板的下部，将显示该视觉样式的面设置、环境设置和边设置。

在"视觉样式管理器"面板中，使用工具条中的工具按钮，可创建新的视觉样式、将选定的视觉样式应用于当前视口、将选定的视觉样式输出到工具选项板，以及删除选定的视觉样式。

在"图形中的可用视觉样式"列表中选择的视觉样式不同，设置区中的参数选项也不同，用户可以根据需要在选项板中进行相关设置。

10.3.2 应用视觉样式

视觉样式是一组用来设置控制视口中边和着色的显示命令。使用"视觉样式"命令来处理实体模型，不仅可以实现模型的消隐，还能够给实体模型的表面着色。

应用视觉样式的 4 种方法如下。

◆ 命令行：输入 SHADEMODE（快捷命令：SHA）命令。

◆ 菜单栏：选择菜单栏中的"视图"→"视觉样式"命令，在弹出的子菜单中选择相应的命令。

◆ 按钮法 1：切换至"默认"选项卡，单击"视图"面板中的"视觉样式"按钮。

◆ 按钮法 2：切换至"视图"选项卡，单击"视觉样式"面板中的"视觉样式"按钮 ⊡。

素材文件	光盘 \ 素材 \ 第 10 章 \ 接头 .dwg	
效果文件	光盘 \ 效果 \ 第 10 章 \ 接头 .dwg	
视频文件	光盘 \ 视频 \ 第 10 章 \10.3.2 应用视觉样式 .mp4	

步骤 01 按【Ctrl＋O】组合键，打开素材图形，如图10-23所示。

步骤 02 在命令行中输入SHADEMODE（视觉样式）命令，并按【Enter】键确认；根据命令行提示，输入SK（勾画）选项，效果如图10-24所示。

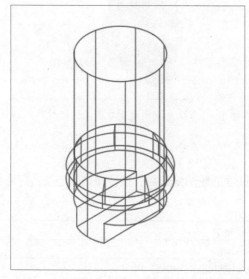

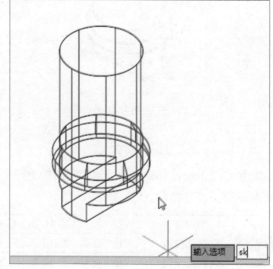

图 10-23 素材图形　　　　　　　　　图 10-24 输入选项

执行"视觉样式"命令后，命令行提示如下。

输入选项 [二维线框 (2)/ 线框 (W)/ 隐藏 (H)/ 真实 (R)/ 概念 (C)/ 着色 (S)/ 带边缘着色 (E)/ 灰度 (G)/ 勾画 (SK)/X 射线 (X)/ 其他 (O)] ＜线框＞：

命令行中各选项含义如下。

◆ 二维线框（2）：用于显示用直线和曲线表示边界的对象。光栅和 OLE 对象、线型和线宽均可见。

◆ 线框（W）：用于显示用直线和曲线表示边界的方式显示对象。

◆ 隐藏（H）：用于显示用三维线框表示的对象并隐藏表示后向面的直线。

◆ 真实（R）：使用平滑着色和材质显示对象。

◆ 概念（C）：使用平滑着色和古氏面样式显示对象。古氏面样式在冷暖颜色而不是明暗效果之间转换。效果缺乏真实感，但是可以更方便地查看模型的细节。

◆ 着色（S）：用于产生平滑的着色模型。

◆ 带边缘着色（E）：使用平滑着色和可见边显示对象。

- ◆ 灰度（G）：使用平滑着色和单色灰度显示对象。
- ◆ 勾画（SK）：使用线延伸和抖动边修改器显示手绘效果的对象。
- ◆ X射线（X）：以局部透明度显示对象。

`步骤 03` 按【Enter】键确认，即可应用勾画视觉样式，效果如图10-25所示。

`步骤 04` 重复执行该命令，输入X（X射线）选项，按【Enter】键确认，将以X射线视觉样式显示模型，效果如图10-26所示。

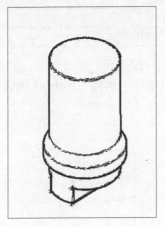

图 10-25 应用勾画视觉样式

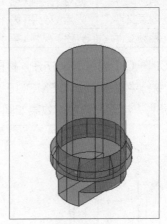

图 10-26 以 X 射线视觉样式显示模型

10.3.3 控制曲面轮廓线

使用 ISOLINES 环境变量可以控制对象上每个曲面的轮廓线数目。执行操作的方法：在命令行输入 ISOLINES 命令。

	素材文件	光盘 \ 素材 \ 第 10 章 \ 瓶子 .dwg
	效果文件	光盘 \ 效果 \ 第 10 章 \ 瓶子 .dwg
	视频文件	光盘 \ 视频 \ 第 10 章 \10.3.3 控制曲面轮廓线 .mp4

`步骤 01` 按【Ctrl+O】组合键，打开素材图形，如图10-27所示。

`步骤 02` 输入ISOLINES（曲面轮廓线）命令，按【Enter】键确认，在命令行提示下，输入ISOLINES的新值为20，按【Enter】键确认；输入HIDE（消隐）命令，按【Enter】键确认，即可设置模型的曲面轮廓线，效果如图10-28所示。

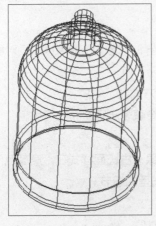

图 10-27 素材图形

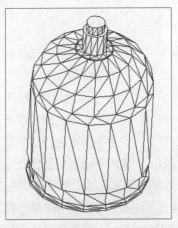

图 10-28 设置模型的曲面轮廓线

10.3.4 显示轮廓线框

使用"线框形式"命令，可以控制是否将三维实体对象的轮廓曲线显示为线框。执行操作的方法为：在命令行输入 DISPSILH 命令。

	素材文件	光盘 \ 素材 \ 第 10 章 \ 轮盘 .dwg
	效果文件	光盘 \ 效果 \ 第 10 章 \ 轮盘 .dwg
	视频文件	光盘 \ 视频 \ 第 10 章 \10.3.4 显示轮廓线框 .mp4

步骤 01 按【Ctrl＋O】组合键，打开素材图形，并以消隐视觉样式显示图形，如图10-29所示。

步骤 02 在命令行中输入DISPSILH（线框形式）命令，并按【Enter】键确认，然后输入DISPSILH值为1并确认，即可控制以线框形式显示实体轮廓，并以消隐视觉样式显示图形，效果如图10-30所示。

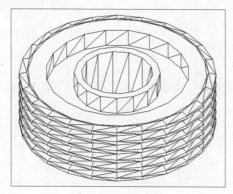

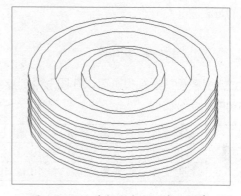

图 10-29 素材图形　　　　　图 10-30 以线框形式显示实体轮廓

10.3.5 调整对象平滑度

使用"平滑度"系统变量，可以控制着色和渲染曲面实体的平滑度。

	素材文件	光盘 \ 素材 \ 第 10 章 \ 齿轮轴 .dwg
	效果文件	光盘 \ 效果 \ 第 10 章 \ 齿轮轴 .dwg
	视频文件	光盘 \ 视频 \ 第 10 章 \10.3.5 调整对象平滑度 .mp4

步骤 01 按【Ctrl＋O】组合键，打开素材图形，并以消隐视觉样式显示图形，如图10-31所示。

步骤 02 在命令行中输入FACETRES（平滑度）命令，并按【Enter】键确认，在命令行提示下，输入FACETRES的新值为7并确认，即可改变实体轮廓的平滑度，以消隐样式显示图形，效果如图10-32所示。

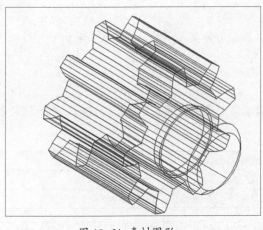

图 10-31　素材图形

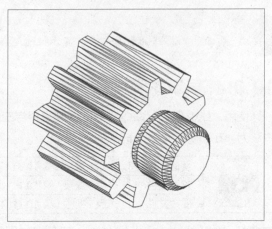

图 10-32　改变实体轮廓的平滑度

10.4　创建投影样式

在 AutoCAD 2017 中，可以创建三维模型的平行投影和透视投影，本节将详细介绍创建投影样式的方法。

10.4.1　创建投影视图

通过定义模型的透视投影可以在图形中创建真实的视觉效果。执行操作的方法为：在命令行输入 DVIEW 命令。

素材文件	光盘 \ 素材 \ 第 10 章 \ 挂锁 .dwg
效果文件	光盘 \ 效果 \ 第 10 章 \ 挂锁 .dwg
视频文件	光盘 \ 视频 \ 第 10 章 \10.4.1　投影视图的创建 .mp4

步骤 01　按【Ctrl+O】组合键，打开素材图形，如图10-33所示。在命令行中输入DVIEW（投影）命令，按【Enter】键确认，在命令行提示下，选择所有图形对象，按【Enter】键确认，输入CA（相机）选项，并确认。根据命令行的提示，输入T（切换角度起点）选项，并确认。

步骤 02　根据命令行提示，输入在 XY 平面上与 X 轴的角度值45，按【Enter】键确认；输入与 XY 平面的角度为10°并确认，即可创建投影视图，效果如图10-34所示。

命令行中各选项含义如下。

◆　相机（CA）：通过围绕目标点旋转相机来指定新的相机位置。

◆　目标（TA）：通过围绕相机旋转指定新的目标位置。

◆　距离（D）：相对于目标沿着视线移近或移远相机。

◆　点（PO）：使用 X、Y、Z 坐标定位相机和目标点。

◆　平移（PA）：不更改放大比例而移动图像。

◆　缩放（Z）：如果透视视图是关闭的，"缩放"将在当前视口动态地增大或缩小对象的外观尺寸。

◆　扭曲（TW）：可以围绕视线扭转或倾斜视图。

◆　剪裁（CL）：剪裁视图，用于遮掩前向剪裁平面之前或者后向剪裁平面之后的图形部分。

◆ 隐藏（H）：不显示选定对象上的隐藏线以增强可视性。

◆ 关（O）：关闭透视视图。

◆ 放弃（U）：取消上一 DVIEW 操作的结果。

执行"投影"命令后，命令行提示如下。

选择对象或 < 使用 DVIEWBLOCK>：（指定修改视图时在预览图像中使用的对象）

输入选项 [相机 (CA)/ 目标 (TA)/ 距离 (D)/ 点 (PO)/ 平移 (PA)/ 缩放 (Z)/ 扭曲 (TW)/ 剪裁 (CL)/ 隐藏 (H)/ 关 (O)/ 放弃 (U)]：（输入选项后，按【Enter】键确认）

图 10-33 素材图形

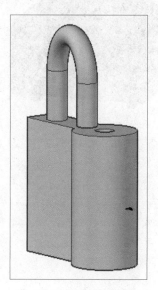

图 10-34 创建投影视图

10.4.2 创建平面视图

平面视图是从正 Z 轴上的一点指向原点（0,0,0）的视图。使用"平面视图"命令可以通过将 UCS 方向设置为"世界"并将三维视图设置为"平面视图"，可以恢复大多数图形的默认视图和坐标系。

创建平面视图的两种方法如下。

◆ 命令行：输入 PLAN 命令。

◆ 菜单栏：选择菜单栏中的"视图"→"平面视图"→相应子菜单命令。

	素材文件	光盘 \ 素材 \ 第 10 章 \ 沙发 .dwg
	效果文件	光盘 \ 效果 \ 第 10 章 \ 沙发 .dwg
	视频文件	光盘 \ 视频 \ 第 10 章 \10.4.2 创建平面视图 .mp4

步骤 01 按【Ctrl＋O】组合键，打开素材图形，如图10-35所示。

步骤 02 在命令行中输入PLAN（平面视图）命令，连续按两次【Enter】键确认，即可创建平面视图，如图10-36所示。

执行"平面视图"命令后，命令行提示如下。

输入选项 [当前 UCS(C)/UCS(U)/ 世界 (W)] < 当前 UCS>：（输入相应的选项后，按【Enter】键确认）

命令行中各选项含义如下。

◆ 当前 UCS（C）：重新生成平面视图显示，以便能使图形范围布满当前 UCS 的当前视口。

◆ UCS（U）：修改为以前保存的 UCS 的平面视图并重生成显示。

◆ 世界（W）：重生成平面视图显示以使图形范围布满世界坐标系屏幕。

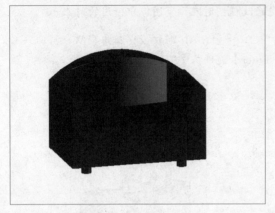

图 10-35 素材图形

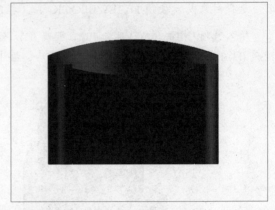

图 10-36 创建平面视图

11

Chapter

创建与修改三维模型

学前提示

在AutoCAD 2017坐标系下，用户可以使用相应的网格命令创建直纹网格、球体网格、旋转网格等，也可以编辑三维对象。本章将介绍在三维空间中使用相应的实体命令，创建长方体、圆柱等，并且对编辑三维图形对象的命令进行操作。除此以外，本章还通过布尔运算，为读者讲解实体的交集、并集以及差集的操作。

本章教学目标

- 生成三维实体
- 创建三维网格对象
- 创建三维实体对象
- 实体的布尔运算

学完本章后你会做什么

- 掌握创建三维坐标系的操作，如创建世界坐标系、圆柱坐标系等
- 掌握观察三维图形操作，如图形的动态观察、观察图形的视点等
- 掌握设置三维投影样式的操作，如创建投影视图、平面视图等

视频演示

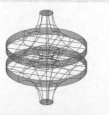
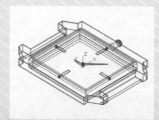
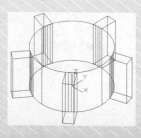

11.1 生成三维实体

在 AutoCAD 中，不仅可以利用上面介绍的各类基本实体工具进行简单实体模型的创建，同时还可以利用二维图形生成三维实体。

11.1.1 创建拉伸实体

在 AutoCAD 2017 中，使用"拉伸"命令，可以将闭合的二维图形创建为实体，将非闭合的二维图形创建为曲面对象。

	素材文件	光盘 \ 素材 \ 第 11 章 \ 窗格 .dwg
	效果文件	光盘 \ 效果 \ 第 11 章 \ 窗格 .dwg
	视频文件	光盘 \ 视频 \ 第 11 章 \11.1.1 创建拉伸实体 .mp4

步骤 01 按【Ctrl + O】组合键，打开素材图形，如图11-1所示。

步骤 02 在命令行输入EXTRUDE（快捷命令：EXT）命令，按【Enter】键确认，如图11-2所示。

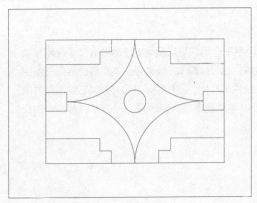

图 11-1 素材图形

图 11-2 单击"拉伸"按钮

步骤 03 在命令行提示下，选择图形对象为拉伸对象，按【Enter】键确认，输入拉伸高度为8，效果如图11-3所示。

步骤 04 按【Enter】键确认，即可拉伸实体，效果如图11-4所示。

执行"拉伸"命令后，命令行提示如下。

当前线框密度：ISOLINES=4，闭合轮廓创建模式 = 实体

选择要拉伸的对象或 [模式 (MO)]：（选择绘制好的二维对象，按【Enter】键确认）

指定拉伸的高度或 [方向 (D)/ 路径 (P)/ 倾斜角 (T)/ 表达式 (E)]：（按指定的高度拉出三维实体对象。如果输入正值，将沿对象所在坐标系的 Z 轴正方向拉伸对象。如果输入负值，将沿 Z 轴负方向拉伸对象）

命令行中各选项含义如下。

◆ 模式（MO）：控制拉伸对象是实体或曲面。

◆ 方向（D）：用两个指定点指定拉伸的长度和方向。

◆ 路径（P）：指定选定对象的拉伸路径。

◆ 倾斜角（T）：指定拉伸的倾斜角。

◆ 表达式（E）：通过输入公式或方程式以指定拉伸高度。

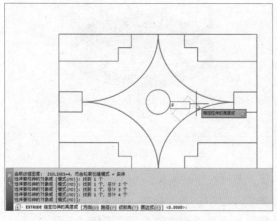

图 11-3 输入拉伸高度

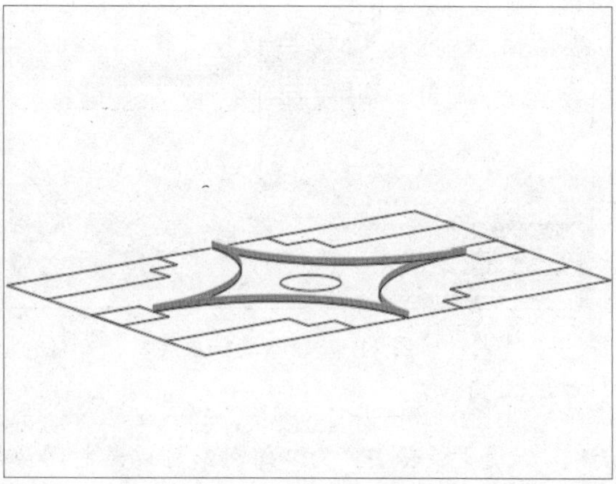

图 11-4 拉伸实体

11.1.2 创建旋转实体

使用"旋转"命令，可以通过绕轴旋转开放或闭合对象来创建实体或曲面，以旋转对象定义实体或曲面轮廓。

	素材文件	光盘 \ 素材 \ 第 11 章 \ 装饰部件 .dwg
	效果文件	光盘 \ 效果 \ 第 11 章 \ 装饰部件 .dwg
	视频文件	光盘 \ 视频 \ 第 11 章 \11.1.2 创建旋转实体 .mp4

步骤01 按【Ctrl+O】组合键，打开素材图形，如图11-5所示。

步骤02 在命令行输入REVOLVE（快捷命令：REV）命令，按【Enter】键确认，如图11-6所示。

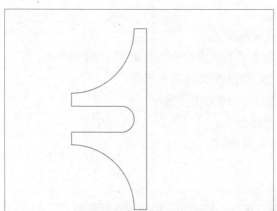

图 11-5 素材图形

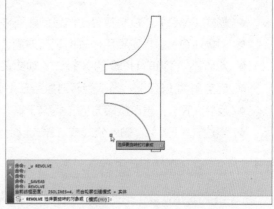

图 11-6 输入"旋转"命令

步骤03 在命令行提示下，选择多段线作为旋转对象，按【Enter】键确认，捕捉右下侧竖直直线的上下端点作为旋转轴，输入旋转角度为360°，效果如图11-7所示。

步骤04 按【Enter】键确认，即可创建旋转实体，效果如图11-8所示。

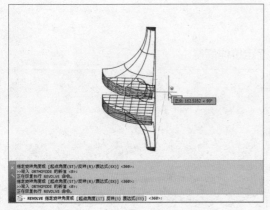

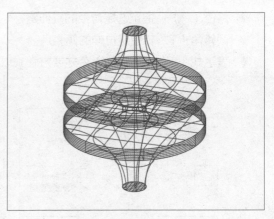

图 11-7 输入旋转角度　　　　　　　　图 11-8 创建旋转实体

专家提醒

　　用于旋转实体的二维对象可以是封闭多段线、多边形、圆、椭圆、封闭样条曲线、圆环以及封闭区域。三维对象、包含在块中的对象、有交叉或干涉的多段线不能被旋转。

执行"旋转"命令后，命令行提示如下。

当前线框密度：ISOLINES=4，闭合轮廓创建模式 = 实体

选择要旋转的对象或 [模式 (MO)]：（选择绘制好的二维对象，按【Enter】键确认）

指定轴起点或根据以下选项之一定义轴 [对象 (O)/X/Y/Z] < 对象 >：（用于指定旋转轴的第一个端点）

指定轴端点：（用于指定旋转轴轴端点）

指定旋转角度或 [起点角度 (ST)/ 反转 (R)/ 表达式 (EX)] <360>：（用于指定选定对象绕轴旋转的距离）

命令行中各选项含义如下。

◆ 模式（MO）：控制旋转动作是创建实体还是曲面。
◆ 对象（O）：指定要用作轴的现有对象。轴正方向从该对象最近端点指向最远端点。
◆ X/Y/Z：将当前 UCS 的 X 轴、Y 轴或 Z 轴正向设定为轴的正方向。
◆ 起点角度（ST）：为从旋转对象所在平面开始的旋转指定偏移。
◆ 反转（R）：更改旋转方向；类似于输入负角度值。
◆ 表达式（EX）：输入公式或方程式以指定旋转角度。

11.1.3 创建放样实体

放样实体是指在数个横截面之间的空间中创建三维实体或曲面，包括圆或圆弧等。

素材文件	光盘 \ 素材 \ 第 11 章 \ 瓶子 .dwg
效果文件	光盘 \ 效果 \ 第 11 章 \ 瓶子 .dwg
视频文件	光盘 \ 视频 \ 第 11 章 \11.1.3 创建放样实体 .mp4

步骤 01 按【Ctrl + O】组合键，打开素材图形，如图11-9所示。

步骤 02 在命令行输入LOFT命令，按【Enter】键确认，如图11-10所示。

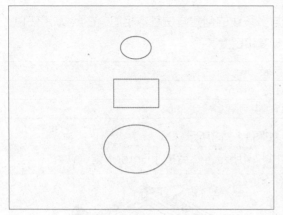

图 11-9 素材图形

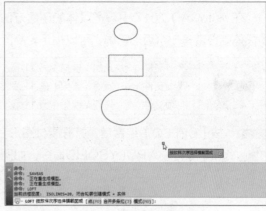

图 11-10 输入 LOFT 命令

步骤 03 在命令行提示下，从上至下依次选择圆为放样对象，如图11-11所示。

步骤 04 连续按两次【Enter】键确认，即可创建放样实体，如图11-12所示。

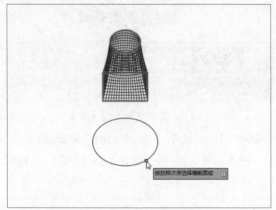

图 11-11 选择放样对象

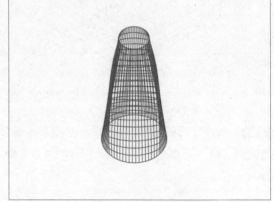

图 11-12 创建放样实体

执行"放样"命令后，命令行提示如下。

当前线框密度：ISOLINES=30，闭合轮廓创建模式 = 实体

按放样次序选择横截面或 [点 (PO)/ 合并多条边 (J)/ 模式 (MO)]：（按曲面或实体将通过曲线的次序指定开放或闭合曲线）

输入选项 [导向 (G)/ 路径 (P)/ 仅横截面 (C)/ 设置 (S)] < 仅横截面 >：（输入选项或按【Enter】键确认以确定放样类型）

命令行中各选项含义如下。

◆ 点（PO）：如果选择"点"选项，还必须选择闭合曲线。

◆ 合并多条边（J）：将多个端点相交曲线合并为一个横截面。

◆ 模式（MO）：控制放样对象是实体还是曲面。

◆ 导向（G）：指定控制放样实体或曲面形状的导向曲线。

◆ 路径（P）：指定放样实体或曲面的单一路径。

◆ 仅横截面（C）：在不使用导向或路径的情况下，创建放样对象。

11.1.4 创建多段体

在 AutoCAD 2017 中，多段体的创建方法与多段线的创建方法基本相同。在默认情况下，多段体始终带有一个矩形轮廓，可以指定轮廓的高度和宽度。

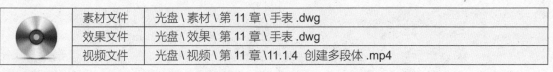

素材文件	光盘 \ 素材 \ 第 11 章 \ 手表 .dwg
效果文件	光盘 \ 效果 \ 第 11 章 \ 手表 .dwg
视频文件	光盘 \ 视频 \ 第 11 章 \11.1.4 创建多段体 .mp4

步骤 01 按【Ctrl＋O】组合键，打开素材图形，如图11-13所示。

步骤 02 在命令行输入POLYSOLID命令，如图11-14所示，然后按【Enter】键确认。

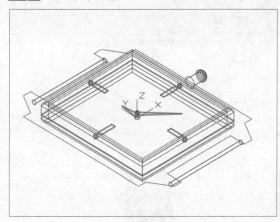

图 11-13 素材图形

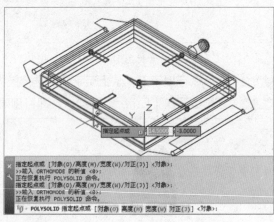

图 11-14 输入 POLYSOLID 命令

步骤 03 在命令行的提示下，输入H（高度）选项，如图11-15所示，按【Enter】键确认。

步骤 04 输入高度值为3，按【Enter】键确认，输入O（对象），如图11-16所示，然后确认。

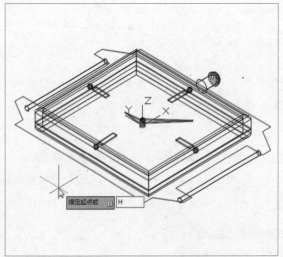

图 11-15 输入 H 选项

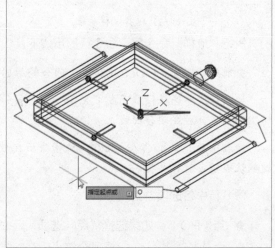

图 11-16 输入 O 选项

步骤 05 在绘图区中选择多段线为创建对象，如图11-17所示。

步骤 06 操作完成后，即可创建多段体，效果如图11-18所示。

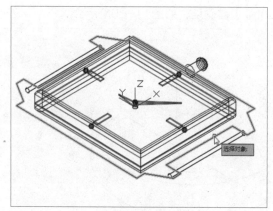

图 11-17 选择创建对象

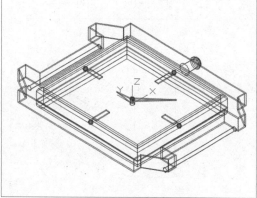

图 11-18 创建多段体

执行"多段体"命令后，命令行中的提示如下。

高度 = 80.0000, 宽度 = 5.0000，对正 = 居中

指定起点或 [对象 (O)/ 高度 (H)/ 宽度 (W)/ 对正 (J)] < 对象 >：（指定实体轮廓的起点）

指定下一个点或 [圆弧 (A)/ 放弃 (U)]：（指定实体轮廓的下一个点）

指定下一个点或 [圆弧 (A)/ 闭合 (C)/ 放弃 (U)]：（再次指定实体轮廓的下一个点）

命令行中各选项含义如下。

◆ 对象（O）：指定要转换为实体的对象。
◆ 高度（H）：指定实体的高度。
◆ 宽度（W）：指定实体的宽度。
◆ 对正（J）：定义轮廓时，可以将实体的宽度和高度设定为左对正、右对正或居中。
◆ 圆弧（A）：将圆弧段添加到实体中。
◆ 闭合（C）：通过从指定实体的最后一点到起点创建直线段或圆弧段来闭合实体。
◆ 放弃（U）：删除最后添加到实体的圆弧段。

11.2 创建三维网格对象

网格对象包括直纹网格、边界网格、平移网格以及旋转网格等。本节将详细地介绍创建三维网格对象的方法。

11.2.1 创建直纹网格

直纹网格是在两条直线或曲线之间创建一个多边形网格。在创建直纹网格时，选择对象的不同边创建的网格也不同。

	素材文件	光盘 \ 素材 \ 第 11 章 \ 零部件 .dwg
	效果文件	光盘 \ 效果 \ 第 11 章 \ 零部件 .dwg
	视频文件	光盘 \ 视频 \ 第 11 章 \11.2.1 创建直纹网格 .mp4

步骤 01　按【Ctrl＋O】组合键，打开素材图形，如图11-19所示。

步骤 02 在命令行输入RULESURF命令，按【Enter】键确认，如图11-20所示。

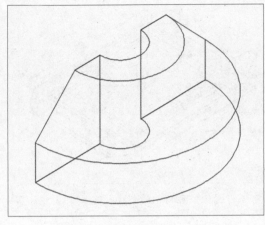

图 11-19 素材图形

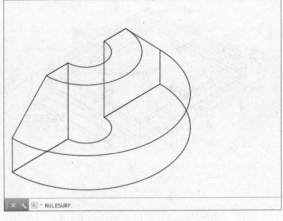

图 11-20 输入 RULESURF 命令

步骤 03 在命令行提示下，在绘图区中，选择中间的大圆弧对象作为第一条定义曲线，效果如图11-21所示。

步骤 04 选择上方的圆弧对象作为第二条定义曲线，按【Enter】键确认，即可创建直纹网格，效果如图11-22所示。

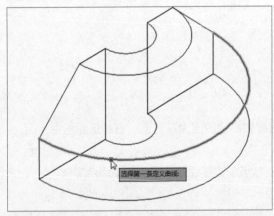

图 11-21 选择图形对象

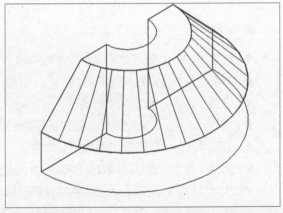

图 11-22 创建直纹网格

11.2.2 创建平移网格

使用"平移网格"命令可以创建多边形网格，该网格表示通过指定的方向和距离（方向矢量）拉伸直线或曲线（路径曲线）定义的常规平移曲面。

	素材文件	光盘 \ 素材 \ 第 11 章 \ 几何线条 .dwg
	效果文件	光盘 \ 效果 \ 第 11 章 \ 几何线条 .dwg
	视频文件	光盘 \ 视频 \ 第 11 章 \11.2.2 创建平移网格 .mp4

步骤 01 按【Ctrl＋O】组合键，打开素材图形，如图11-23所示。

步骤 02 在命令行输入TABSURF命令，按【Enter】键确认，如图11-24所示。

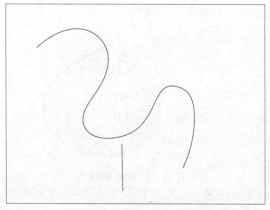

图 11-23 素材图形

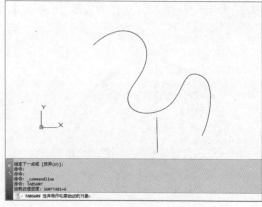

图 11-24 输入 TABSURF 命令

步骤 03 选择曲线为轮廓对象，选择直线为方向矢量对象，如图11-25所示。

步骤 04 执行操作后，即可创建平移网格，效果如图11-26所示。

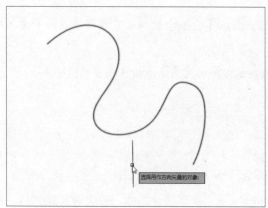

图 11-25 选择和定义图形对象

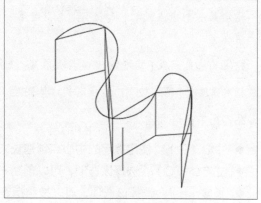

图 11-26 创建平移网格

专家提醒

　　在创建平移网格时，用作轮廓曲线的对象包括：直线、样条曲线、圆弧、圆、椭圆、二维或三维多段线。

11.3　创建三维实体对象

　　实体模型是常用的三维模型，AutoCAD 2017 提供了绘制长方体、球体、圆柱体和圆锥体等基本几何实体的命令，通过这些命令可以创建出简单的三维实体模型。

11.3.1　创建长方体

　　使用"长方体"命令，可以创建实心长方体或实心立方体。

素材文件	光盘 \ 素材 \ 第 11 章 \ 篓子部件 .dwg
效果文件	光盘 \ 效果 \ 第 11 章 \ 篓子部件 .dwg
视频文件	光盘 \ 视频 \ 第 11 章 \11.3.1 创建长方体 .mp4

步骤 01 按【Ctrl＋O】组合键，打开素材图形，如图11-27所示。

步骤 02 在命令行输入BOX命令，按【Enter】键确认，如图11-28所示。

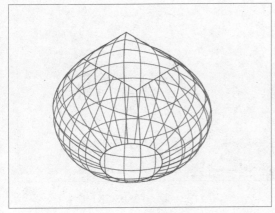

图 11-27 素材图形

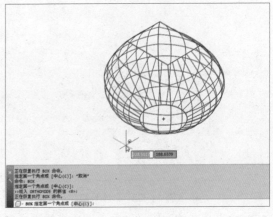

图 11-28 输入 BOX 命令

执行"长方体"命令后，命令行中的提示如下。

指定第一个角点或 [中心 (C)]：（指定第一点，或按【Enter】键确认直接以原点为长方体的第一角点）

指定其他角点或 [立方体 (C)/ 长度 (L)]：（指定长方体的对角点或输入相应的选项）

指定高度或 [两点 (2P)]：（指定长方体高度）

命令行中各选项含义如下。

◆ 中心（C）：使用指定的中心点创建长方体。

◆ 立方体（C）：选择该选项，可以创建一个长、宽、高相同的长方体。

◆ 长度（L）：选择该选项，可以按照指定的长、宽、高创建长方体。长度与 X 轴对应，宽度与 Y 轴对应，高度与 Z 轴对应。

◆ 两点（2P）：指定长方体的高度为两个指定点之间的距离。

步骤 03 在命令行提示下，输入长方体的一个角点坐标为（0,0,0），按【Enter】键确认，输入 L（长度）选项并确认，按【F8】键，开启正交功能，如图11-29所示。

步骤 04 输入长度为160，按【Enter】键确认；输入宽值为160并确认，向上引导光标；再输入高度值为15，按【Enter】键确认，即可创建长方体，效果如图11-30所示。

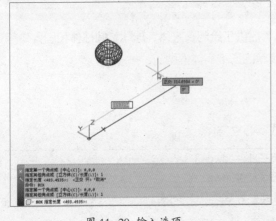

图 11-29 输入选项

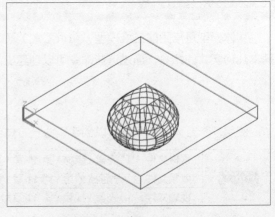

图 11-30 创建长方体

11.3.2 创建圆柱体

　　圆柱体是指在一个平面内，该平面绕着一条定直线旋转一周所围成的旋转面。圆柱体常用于创建房屋基柱、旗杆等柱状物体。

素材文件	光盘 \ 素材 \ 第 11 章 \ 转轴 .dwg
效果文件	光盘 \ 效果 \ 第 11 章 \ 转轴 .dwg
视频文件	光盘 \ 视频 \ 第 11 章 \11.3.2 创建圆柱体 .mp4

步骤 01 按【Ctrl＋O】组合键，打开素材图形，如图11-31所示。

步骤 02 在菜单栏中选择"常用"→"创建"→"长方体"命令，如图11-32所示。

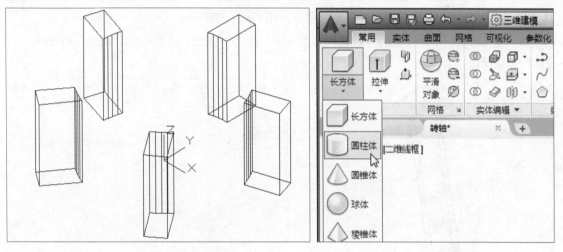

图 11-31 素材图形　　　　　　　　图 11-32 执行命令

步骤 03 　在命令行提示下，输入底面中心点坐标为（0,0,0），按【Enter】键确认，输入底面半径为463并确认，向上引导光标，如图11-33所示。

步骤 04 输入圆柱体的高度值为500并确认，即可创建圆柱体，如图11-34所示。

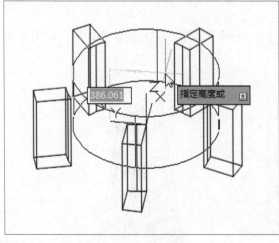

图 11-33 引导光标

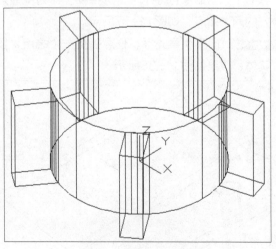

图 11-34 创建圆柱体

11.3.3 镜像三维实体

使用三维镜像工具，可以将三维对象通过镜像平面获取与之完全相同的对象。

素材文件	光盘 \ 素材 \ 第 11 章 \ 梯子 .dwg	
效果文件	光盘 \ 效果 \ 第 11 章 \ 梯子 .dwg	
视频文件	光盘 \ 视频 \ 第 11 章 \11.3.3 镜像三维实体 .mp4	

步骤 01 按【Ctrl＋O】组合键，打开素材图形，如图11-35所示。

步骤 02 在"功能区"选项板的"默认"选项卡中，单击"修改"面板中的"镜像"按钮，如图11-36所示。

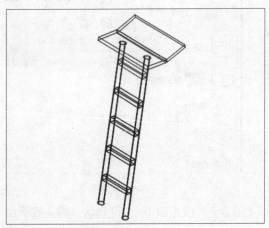

图 11-35 素材图形

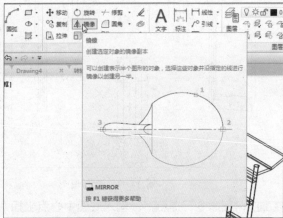

图 11-36 单击"三维镜像"按钮

步骤 03 在命令行提示下，选择梯子作为镜像对象，按【Enter】键确认，依次捕捉右侧矩形下方的两个端点，如图11-37所示。

步骤 04 向下引导光标，任意捕捉一个端点，按【Enter】键确认，执行上述操作后，即可镜像实体，效果如图11-38所示。

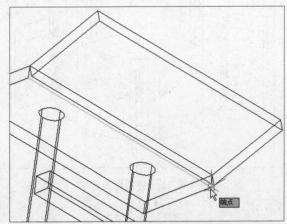

图 11-37 捕捉合适的端点

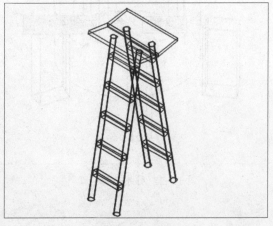

图 11-38 镜像实体

专家提醒

　　使用"镜像"命令镜像图形，与二维平面图的镜像命令相似，只是三维模型的镜像命令除了在 XY 平面上进行镜像操作之外，还可以在 YZ 和 ZY 等平面中进行镜像操作。

执行"镜像"命令后，命令行提示如下。

选择对象：（选择需要镜像的模型对象，按【Enter】键确认）

指定镜像平面 (三点) 的第一个点或 [对象 (O)/ 最近的 (L)/Z 轴 (Z)/ 视图 (V)/XY 平面 (XY)/YZ 平面 (YZ)/ZX 平面 (ZX)/ 三点 (3)] < 三点 >：（输入选项、指定点或直接按【Enter】键确认）

在镜像平面上指定第二点：（指定镜像平面的第二点）

在镜像平面上指定第三点：（指定镜像平面的第三点）

是否删除源对象？ [是 (Y)/ 否 (N)] < 否 >：（输入 Y 选项将删除源对象，输入 N 选项保留源对象）

命令行中各选项含义如下。

◆　对象（O）：使用选定平面对象的平面作为镜像平面。
◆　最近的（L）：相对于最后定义的镜像平面对选定的对象进行镜像处理。
◆　Z 轴（Z）：根据平面上的一个点和平面法线上的一个点定义镜像平面。
◆　视图（V）：将镜像平面与当前视口中通过指定点的视图平面对齐。
◆　XY 平面（XY）：将镜像平面与一个通过指定点的 XY 标准平面对齐。
◆　YZ 平面（YZ）：将镜像平面与一个通过指定点的 YZ 标准平面对齐。
◆　ZX 平面（ZX）：将镜像平面与一个通过指定点的 ZX 标准平面对齐。
◆　三点（3）：通过三个点定义镜像平面。

11.4 实体的布尔运算

　　AutoCAD 中的布尔运算是利用布尔逻辑运算的原理，对实体和面域进行并集运算、差集运算和交集运算，以产生新的组合实体。

11.4.1 运用并集运算

　　并集运算是指将多个实体组合成一个实体。执行操作的方法。按钮法：切换到"三维工具"选项卡，单击"实体编辑"面板中的"实体、并集"按钮。

	素材文件	光盘 \ 素材 \ 第 11 章 \ 支架模型 .dwg
	效果文件	光盘 \ 效果 \ 第 11 章 \ 支架模型 .dwg
	视频文件	光盘 \ 视频 \ 第 11 章 \11.4.1 运用并集运算 .mp4

步骤 01　按【Ctrl＋O】组合键，打开素材图形，如图11-39所示。
步骤 02　在"功能区"选项板的"三维工具"选项卡，单击"实体编辑"面板中的"实体、并集"按钮，如图11-40所示。
步骤 03　在命令行提示下，在绘图区中选择所有的实体对象为并集对象，效果如图11-41所示。

步骤04 按【Enter】键确认，即可并集运算实体，效果如图11-42所示。

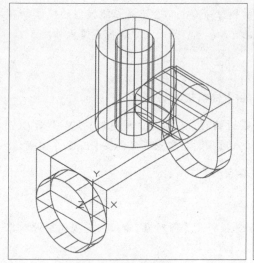

图 11-39 素材图形

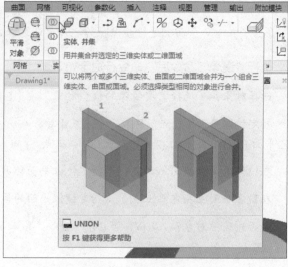

图 11-40 单击"实体、并集"按钮

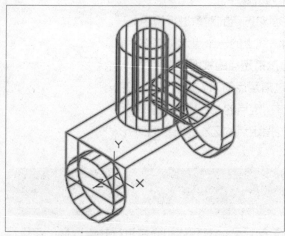

图 11-41 选择对象

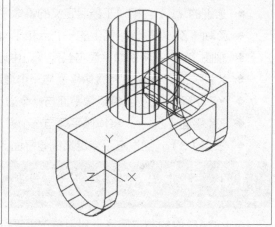

图 11-42 并集运算实体

专家提醒

并集运算就是通过组合多个实体生成一个新实体，如果组合一些不相交实体，显示效果看起来还是多个实体，但实际却是一个对象。

11.4.2 差集运算的运用

差集运算是指从一些实体中减去另一些实体，从而得到一个新的实体对象。执行操作的方法按钮法：切换到"三维工具"选项卡，单击"实体编辑"面板中的"实体、差集"按钮◎。

	素材文件	光盘\素材\第 11 章\外舌止动垫圈 .dwg
	效果文件	光盘\效果\第 11 章\外舌止动垫圈 .dwg
	视频文件	光盘\视频\第 11 章\11.4.2 差集运算的运用 .mp4

步骤01 按【Ctrl+O】组合键，打开素材图形，如图11-43所示。

步骤02 在"功能区"选项板的"三维工具"选项卡中，单击"实体编辑"面板中的"实体、差集"按钮◎，如图11-44所示。

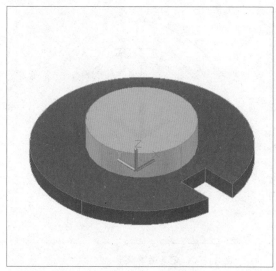

图 11-43 素材图形

图 11-44 单击"实体、差集"按钮

步骤03 在命令行提示下，在绘图区中选择底部模型作为要减去的对象，按【Enter】键确认，如图11-45所示。

步骤04 再选择上部的圆柱体作为要减去的对象，按【Enter】键确认，即可差集运算实体对象，如图11-46所示。

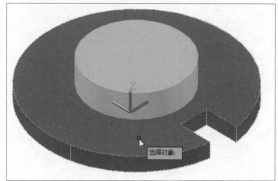

图 11-45 选择对象

图 11-46 差集运算实体

11.4.3 交集运算的运用

使用"交集"命令，可以从两个以上重叠实体的公共部分创建复合对象。执行操作的方法按钮法：切换到"三维工具"选项卡，单击"实体编辑"面板中的"实体、交集"按钮◎。

	素材文件	光盘 \ 素材 \ 第 11 章 \ 轴承 .dwg
	效果文件	光盘 \ 效果 \ 第 11 章 \ 轴承 .dwg
	视频文件	光盘 \ 视频 \ 第 11 章 \11.4.3 运用交集运算 .mp4

步骤01 按【Ctrl+O】组合键，打开素材图形，如图11-47所示。

步骤02 在"功能区"选项板的"三维工具"选项卡中，单击"实体编辑"面板中的"实体、交集"按钮◎，在命令行提示下，选择所有图形，按【Enter】键确认，即可交集运算实体，效果如图11-48所示。

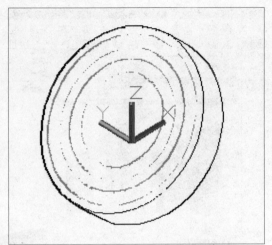
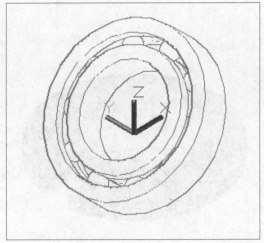

图 11-47　素材图形　　　　　　　　图 11-48　交集运算实体

12

Chapter

渲染与输出图形文件

学前提示

在AutoCAD 2017中，图纸的后期处理包括对三维图形添加光源、材质，进行渲染，以及对已绘制好的图形进行打印输出等。本章将详细地介绍渲染与输出图形文件的操作方法。

本章教学目标

- 材质和贴图的使用
- 光源的创建与设置
- 三维实体的编辑与渲染
- 运用布局空间打印
- 图纸打印参数的设置
- 图形图纸的发布

学完本章后你会做什么

- 掌握设置材质贴图的操作，如赋予模型材质、设置贴图漫射等
- 掌握渲染三维模型的操作，如实体操作、转换为实体操作等
- 掌握发布图形图纸的操作，如打印电子图形等

12.1 材质和贴图的使用

为了给渲染提供更多的真实感效果，可以在模型的表面应用材质贴图，如石材和金属，也可以在渲染时将材质赋予到对象上。本节将分别介绍使用材质和贴图的方法。

12.1.1 模型材质概述

一个有足够吸引力的物体，不仅需要赋予模型材质，还需要对这些材质进行更微妙的设置，从而使设置材质后的三维实体达到惟妙惟肖的逼真效果。如图 12-1 所示为将材质添加到文具盒图形中。

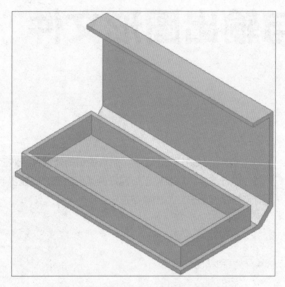

图 12-1 将材质添加到文具盒图形效果

在"材质浏览器"面板中，各主要选项的含义如下。

◆ "创建材质"按钮：单击该按钮，可以创建或复制材质。

◆ "搜索"文本框：在该文本框中输入相应名称，可以在多个库中搜索材质外观。

◆ "文档材质：全部"按钮：单击该按钮，可以显示打开的图形保存的材质。

◆ "Autodesk 库"列表框：由 Autodesk 提供的包含 Autodesk 材质的标准系统库，可供所有应用程序使用。

◆ "管理"按钮：单击该按钮，允许用户创建、打开或编辑库和库类别。

◆ "显示材质编辑器"按钮：单击该按钮，显示"材质编辑器"面板。

使用 AutoCAD 2017 中的"材质浏览器"面板，可以导航和管理材质，可以组织、分类、搜索和选择要在图形中使用的材质，可以在"材质浏览器"面板中访问 Autodesk 库和用户定义的库，如图 12-2 所示。

> **专家提醒**
>
> CAD 渲染对象必须是三维模型，用户对效果没有要求可以直接在视图菜单里选择渲染，如果有特定的要求，则需要给模型附上不同的光源和材质达到渲染效果。

图 12-2 "材质浏览器"面板

12.1.2 赋予模型材质

在对材质进行其他操作前，用户可以在"材质浏览器"面板中，选择合适的材质对象，并将其赋予到模型对象上。

素材文件	光盘 \ 素材 \ 第 12 章 \ 垫片 .dwg
效果文件	光盘 \ 效果 \ 第 12 章 \ 垫片 .dwg
视频文件	光盘 \ 视频 \ 第 12 章 \12.1.2 赋予模型材质 .mp4

步骤 01 按【Ctrl + O】组合键，打开素材图形，如图12-3所示。

步骤 02 在"功能区"选项板的"可视化"选项卡中，单击"材质"面板中的"材质浏览器"按钮 ，如图12-4所示。

图 12-3 素材图形

图 12-4 单击"材质浏览器"按钮

步骤 03 弹出"材质浏览器"面板，在"Autodesk库"列表框中，选择"金属"选项，并在其右侧的列表框中，选择"铜"选项，如图12-5所示。

步骤 04 在绘图区中选择所有图形对象，在"材质浏览器"面板中，选择"铜"选项，单击鼠标右键，弹出快捷菜单，选择"指定给当前选择"选项，如图12-6所示。

图 12-5 选择"铜"选项　　　　　　　　图 12-6 选择"铜"选项

> **专家提醒**
>
> 赋予模型材质的 3 种方法如下。
>
> - 命令行：输入 MATERIALS 或 MATBROWSEROPEN 命令。
> - 菜单栏：选择菜单栏中的"可视化"→"渲染"→"材质浏览器"命令。
> - 按钮法：切换至"可视化"选项卡，单击"材质"面板中的"材质浏览器"按钮。

步骤 05 单击"关闭"按钮，如图12-7所示，即可为所选的图形对象赋予材质。

步骤 06 以"真实"视觉样式显示模型，效果如图12-8所示。

图 12-7 单击"关闭"按钮

图 12-8 赋予材质效果

> **专家提醒**
>
> 材质是由许多特性来定义，可用特性取决于选定的材质类型。用户可以在"材质浏览器"或"材质编辑器"面板中创建新材质。

12.1.3 设置贴图漫射

漫射贴图的颜色可替换或局部替换"材质"选项板中的漫射颜色分量，这是最常用的一种贴图。

映射漫射颜色与在对象表面上绘制图像类似。

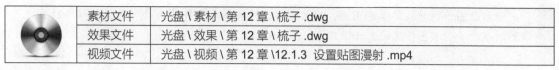

	素材文件	光盘 \ 素材 \ 第 12 章 \ 梳子 .dwg
	效果文件	光盘 \ 效果 \ 第 12 章 \ 梳子 .dwg
	视频文件	光盘 \ 视频 \ 第 12 章 \12.1.3 设置贴图漫射 .mp4

步骤 01 按【Ctrl+O】组合键，打开素材图形，如图12-9所示。

步骤 02 在"功能区"选项板的"可视化"选项卡中，单击"材质"面板中的"材质浏览器"按钮，弹出"材质浏览器"面板，单击"创建材质"右侧的下拉按钮，在弹出的下拉列表中选择"新建常规材质"选项，如图12-10所示。

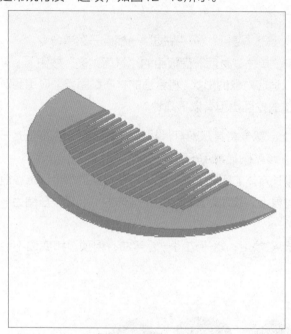

图 12-9 素材图形　　　　　　　　　　　　图 12-10 选择"新建常规材质"选项

步骤 03 弹出"材质编辑器"面板，在"图像"右侧的空白处单击鼠标左键，弹出"材质编辑器打开文件"对话框，选择合适的文件，如图12-11所示。

步骤 04 单击"打开"按钮，即可设置漫射贴图，选择绘图区中的所有图形，并为其赋予合适的材质，并以真实视觉样式显示，如图12-12所示。

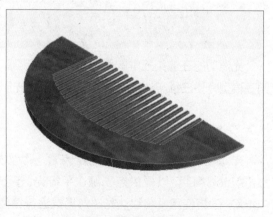

图 12-11 选择合适的文件　　　　　　　　图 12-12 设置贴图漫射效果

专家提醒

漫射贴图为材质提供多种图案，用户可以选择将图像文件作为纹理贴图或程序贴图，以为材质的漫射颜色指定图案或纹理。

12.1.4 纹理贴图的调整

用户在附着带纹理的材质后，可以调整对象或面上纹理贴图的方向。

调整纹理贴图的 3 种方法如下。

◆ 命令行：输入 MATERIALMAP 命令。

◆ 菜单栏：选择菜单栏中的"视图"→"渲染"→"贴图"→相应子菜单命令。

◆ 按钮法：切换至"渲染"选项卡，单击"材质"面板中的"材质贴图"按钮 。

材质被映射后，用户可以调整材质以适应对象的形状，将合适的材质贴图类型应用到对象上，可以使之更加适合对象。AutoCAD 提供的贴图类型有以下几种。

◆ 平面贴图：将图像映射到对象上，就像将其从幻灯片投影器投影到二维曲面上一样。图像不会失真，但是会被缩放以适应对象，该贴图最常用于面。

◆ 长方体贴图：将图像映射到类似长方体的实体上，该图像将在对象的每个面上重复使用。

◆ 球面贴图：将图像映射到球面对象上。纹理贴图的顶边在球体的"北极"压缩为一个点；同样，底边在"南极"压缩为一个点。

◆ 柱面贴图：将图像映射到圆柱形对象上；水平边将一起弯曲，但顶边和底边不会弯曲。图像的高度将沿圆柱体的轴进行缩放。

如图 12-13 所示为 4 种贴图类型。

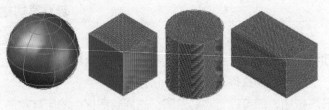

图 12-13 贴图类型

12.2 光源的创建与设置

光源功能在渲染三维实体对象时经常用到。光源由强度和颜色两个因素决定，其主要作用是照亮模型，使三维实体在渲染过程中显示出光照效果，从而充分体现出立体感。

12.2.1 关于光源概述

光源是渲染的一个非常重要因素，添加光源可以改善模型外观，使图形更加真实和自然。AutoCAD 可以提供点光源、平行光、聚光灯等光源。当场景中没有用户创建的光源时，AutoCAD 将使用系统默认光源对场景进行着色或渲染。默认光源是来自视点后面的两个平行光源，模型中所有的面均被照亮，以使其可见，用户可以控制其亮度和对比度，而无需创建或放置光源。

12.2.2 创建光源

添加光源可以为场景提供真实外观。光源可以增强场景的清晰度和三维性，在 AutoCAD 中，用户可以通过功能面板中的"可视化"→"光源"命令，在弹出的子菜单中选择相应的选项来创建光源，如图 12-14 所示；或在"光源"面板中单击相应按钮来创建光源对象，如图 12-15 所示。

图 12-14 "光源"菜单

图 12-15 "光源"面板

使用"光源"子菜单中的命令，可以分别创建点光源、聚光灯和平行光。创建光源的显示效果如图 12-16 和图 12-17 所示，分别为聚光灯和平行光。

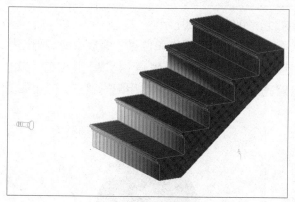

图 12-16 聚光灯

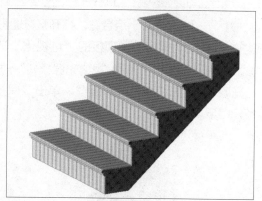

图 12-17 平行光

创建光源的 3 种方法如下。

◆ 命令行：输入 POINTLIGHT 命令。

◆ 菜单栏：选择菜单栏中的"视图"→"渲染"→"光源"→"新建点光源"命令。

◆ 按钮法：切换至"渲染"选项卡，单击"光源"面板中的"点"按钮 。

执行"点光源"命令，命令行提示如下。

指定源位置 <0,0,0>：（输入坐标值或使用定点设备）

输入要更改的选项 [名称 (N)/ 强度因子 (I)/ 状态 (S)/ 光度 (P)/ 阴影 (W)/ 衰减 (A)/ 过滤颜色 (C)/ 退出 (X)] ＜退出＞:（输入需要更改的选项，或者直接按【Enter】键确认结束命令的操作）

命令行中各选项含义如下。

◆ 名称（N）：指定光源名。

◆ 强度因子（I）：用于设定光源的强度或亮度。

◆ 状态（S）：打开和关闭光源。

◆ 光度（P）：当 LIGHTINGUNITS 系统变量设定为 1 或 2 时，光度可用。光度是指测量可见光源的照度。

◆ 阴影（W）：使光源投射阴影。

◆ 衰减（A）：控制光线随距离的增加而减弱。

◆ 过滤颜色（C）：控制光源的颜色。

> **专家提醒**
>
> 点光源是从光源处发射出呈辐射状的光束，它可以用于在场景中添加充足光照效果或者模拟真实世界的点光源照明效果，一般用作辅光源。

12.2.3 启用阳光状态

阳光是模拟太阳光源效果的光源，可以用于显示结构投影的阴影如何影响周围区域。使用"阳光特性"命令，可以设置并修改阳光的特性。

	素材文件	光盘 \ 素材 \ 第 12 章 \ 轴固定座 .dwg
	效果文件	光盘 \ 效果 \ 第 12 章 \ 轴固定座 .dwg
	视频文件	光盘 \ 视频 \ 第 12 章 \12.2.3 启用阳光状态 .mp4

步骤 01 按【Ctrl+O】组合键，打开素材图形文件，如图12-18所示。

步骤 02 在"功能区"选项板的"可视化"选项卡中，单击"阳光和位置"面板中的"阳光状态"按钮☼，弹出"光源-视口光源模式"对话框，单击"关闭默认光源（建议）"按钮，弹出"光源-太阳光和曝光"对话框，单击"保持曝光设置"按钮，即可启用阳光状态，效果如图12-19所示。

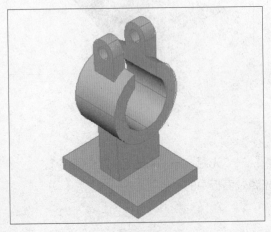

图 12-18 素材图形

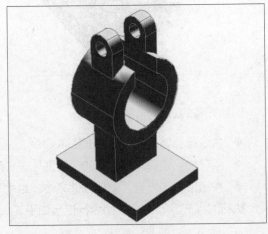

图 12-19 启用阳光状态

启用阳光状态的两种方法如下。

● 命令行：输入 SUNSTATUS 命令。

● 按钮法：切换至"可视化"选项卡，单击"阳光和位置"面板中的"阳光状态"按钮 ☼。

12.3 三维实体的编辑与渲染

在 AutoCAD 2017 中创建三维实体后，用户可以将创建好的实体转换为曲面，同时也可以将曲面转换为实体并在编辑后对实体进行渲染。

12.3.1 转换为实体操作

使用"转换为实体"命令可以将没有厚度的多段线和圆转换为三维实体。下面将介绍转换为实体的操作方法。

	素材文件	光盘 \ 素材 \ 第 12 章 \ 轮盘 .dwg
	效果文件	光盘 \ 效果 \ 第 12 章 \ 轮盘 .dwg
	视频文件	光盘 \ 视频 \ 第 12 章 \12.3.1 转换为实体操作 .mp4

步骤 01 按【Ctrl+O】组合键，打开素材图形文件，如图12-20所示，

步骤 02 在"功能区"选项板中，切换至"网格"选项卡，单击"转换网格"面板中的"转换为实体"按钮 📇，如图12-21所示。

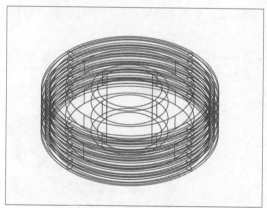

图 12-20 素材图形

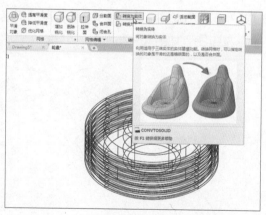

图 12-21 单击"转换为实体"按钮

除了上述方法可以调用"转换为实体"命令外，还有以下 3 种常用方法：

● 命令 1：在命令行中输入 CONVTOSOLID（转换为实体）命令，按【Enter】键确认。

● 命令 2：单击"修改"→"网格编辑"→"转换为平滑实体"命令。

● 按钮：在"功能区"选项板的"常用"选项卡中，单击"实体编辑"面板中间的下拉按钮，在展开的面板中，单击"转换为实体"按钮 📇。

执行以上任意一种方法，均可调用"转换为实体"命令。

步骤 03 根据命令行提示进行操作，在绘图区中，选择网格圆环为转换对象，如图12-22所示。

步骤 04 按【Enter】键确认，即可以将网格圆环转换成为实体对象，效果如图12-23所示。

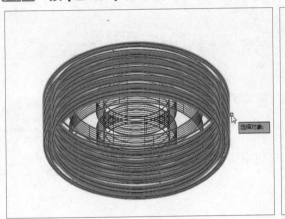

图 12-22 选择转换对象

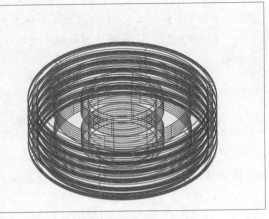

图 12-23 转换为实体

12.3.2 转换为曲面操作

使用"转换为曲面"命令可以将相应的对象转换为曲面。下面将介绍转换为曲面的操作方法。

	素材文件	光盘\素材\第12章\支座.dwg
	效果文件	光盘\效果\第12章\支座.dwg
	视频文件	光盘\视频\第12章\12.3.2 转换为曲面操作.mp4

步骤 01 按【Ctrl+O】组合键，打开素材图形文件，如图12-24所示，切换至三维建模工作界面。

步骤 02 在"功能区"选项板中，切换至"网格"选项卡，单击"转换网格"面板中的"转换为曲面"按钮，如图12-25所示。

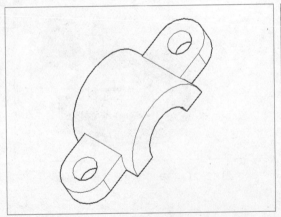

图 12-24 素材图形

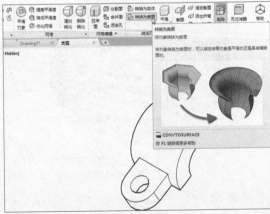

图 15-25 单击"转换为曲面"按钮

步骤 03 根据命令行提示进行操作，在绘图区中，选择整个图形为转换对象，如图12-26所示。

步骤 04 按【Enter】键确认，即可转换为曲面对象，如图12-27所示。

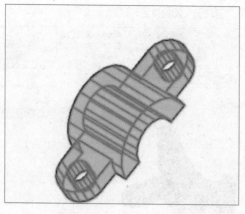

图 12-26 选择转换对象

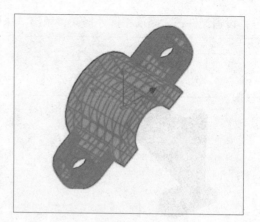

图 12-27 转换为曲面效果

专家提醒

除了上述方法可以调用"转换为曲面"命令外，还有以下 3 种常用方法：

● 命令 1：在命令行中输入 CONVTOSURFACE（转换为曲面）命令，按【Enter】键确认。

● 按钮 2：在"功能区"选项板的"常用"选项卡中，单击"实体编辑"面板中间的下拉按钮，在展开的面板中，单击"转换为曲面"按钮。

● 命令：单击"修改"→"网格编辑"→"转换为平滑曲面"命令。

执行以上任意一种方法，均可调用"转换为曲面"命令。

与线框模型、曲面模型相比，渲染出来的实体能够更好地表达出三维对象的形状和大小，并且更容易表达其设计思想。

12.3.3 渲染并保存模型操作

在设置完渲染环境等因素后，用户即可根据已选择的渲染设置和渲染预设，使用"渲染"命令进行图形渲染。渲染完成后，可以对渲染效果进行保存，以方面以后使用。

渲染并保存模型的 3 种方法如下。

◆ 命令行：输入 RENDER 命令。

◆ 菜单栏：选择菜单栏中的"视图"→"渲染"→"渲染"命令

◆ 按钮法：切换至"可视化"选项卡，单击"渲染"面板中的"渲染到尺寸"按钮。

	素材文件	光盘 \ 素材 \ 第 12 章 \ 弯月型支架 .dwg
	效果文件	光盘 \ 效果 \ 第 12 章 \ 弯月型支架 .bmp
	视频文件	光盘 \ 视频 \ 第 12 章 \12.3.3 渲染并保存模型操作 .mp4

步骤 01 按【Ctrl＋O】组合键，打开素材图形文件，如图12-28所示。

步骤 02 在"功能区"选项板的"可视化"选项卡中，单击"渲染"面板中的"渲染到尺寸"按钮，如图12-29所示。

步骤 03 弹出"渲染"窗口，开始渲染图形，如图12-30所示，稍等片刻，即可完成三维模型的渲染。

步骤 04 在"渲染"窗口中，单击"将渲染的图像保存到文件"按钮，弹出"渲染输出文件"对话框，设置文件名、路径和保存格式，单击"保存"按钮，如图12-31所示。

图 12-28 素材图形

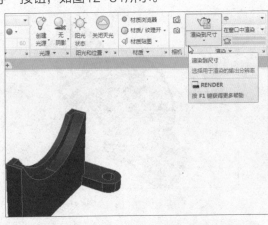

图 12-29 单击"渲染到尺寸"按钮

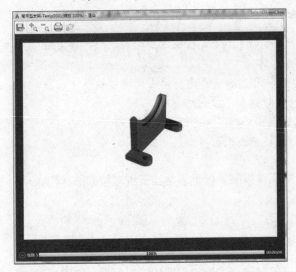

图 12-30 开始渲染图形

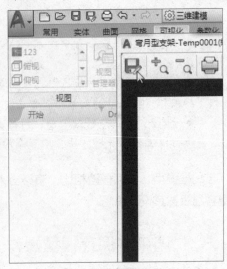

图 12-31 单击"保存"按钮

步骤 05　执行上述操作后，弹出"PNG图像选项"对话框，如图12-32所示。

步骤 06　单击"确定"按钮，即可保存渲染图像，并查看图像效果，如图12-33所示。

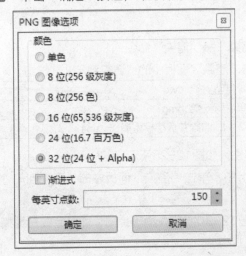

图 12-32 弹出"PNG 图像选项"对话框

图 12-33 图像效果

12.4 运用布局空间打印

布局空间也是一种工具，用于设置在模型空间中绘制的图形的不同视图，创建图形最终打印输出时的布局。布局空间可以完全模拟图纸页面，在图形输出之前，可以先在图纸上布置图形。在布局空间中，每一个布局均表示一张输出图形使用的图纸。

在布局中可以创建并放置视口对象，还可以添加标题栏或其他对象。可以在图纸中创建多个布局以显示不同的视图，每个布局可以包含不同的打印比例和图纸尺寸。

12.4.1 切换布局空间界面

在 AutoCAD 2017 中，用户可以通过单击状态栏中的"布局 1"按钮 和"快速查看布局"按钮 ，可以切换到布局空间。

12.4.2 运用"布局向导"创建布局

在 AutoCAD 2017 中，通过"布局向导"功能，用户可以很方便地设置和创建布局。利用"布局向导"，可以设置打印机、图纸尺寸、视口和标题栏等，布局创建完成后，这些设置将同图形一起保存。

	素材文件	无
	效果文件	光盘 \ 效果 \ 第 **12** 章 \ 运用"布局向导"创建布局 .dwg
	视频文件	光盘 \ 视频 \ 第 **12** 章 \12.4.2 运用"布局向导"创建布局 .mp4

步骤 01 输入LAYOUTWIZARD（创建布局向导）命令，按【Enter】键确认，稍后将弹出"创建布局–开始"对话框，如图12-34所示。

步骤 02 设置名称为"建筑"，单击"下一步"按钮，弹出"创建布局–打印机"对话框，选择需要的打印机，如图12-35所示。

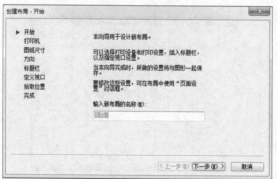

图 12-34 "创建布局 – 开始"对话框

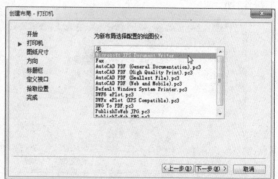

图 12-35 "创建布局 – 打印机"对话框

步骤 03 单击"下一步"按钮，弹出"创建布局–图形尺寸"对话框，在右侧的列表框中，选择A4选项，如图12-36所示。

步骤 04 单击"下一步"按钮，弹出"创建布局–方向"对话框，选中"纵向"单选按钮，如图12-37所示。

图 12-36 "创建布局 – 图纸尺寸"对话框　　　图 12-37 "创建布局 – 方向"对话框

步骤 05 单击"下一步"按钮，弹出"创建布局-标题栏"对话框，保持默认设置；单击"下一步"按钮弹出"创建布局-定义视口"对话框，选中"阵列"单选按钮，设置"行数"和"列数"均为1，如图12-38所示。

步骤 06 单击"下一步"按钮，弹出"创建布局-拾取位置"对话框，保持默认设置，如图12-39所示。

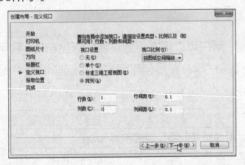
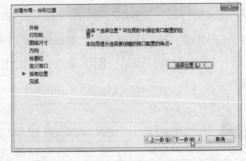

图 12-38 "创建布局 – 定义视口"对话框　　　图 12-39 "创建布局 – 拾取位置"对话框

步骤 07 单击"下一步"按钮，弹出"创建布局-完成"对话框，提示新布局已经创建完成，单击"完成"按钮，如图12-40所示。

步骤 08 关闭对话框并返回到操作界面中，即可查看到新建名为"建筑"的布局空间，如图12-41所示。

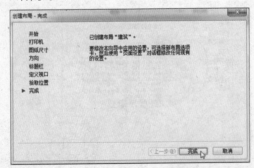

图 12-40 单击"完成"按钮　　　　　　图 12-41 "建筑"布局空间

专家提醒

使用"布局向导"创建布局的两种方法如下。

● 命令行：输入 LAYOUTWIZARD 命令。

● 菜单栏：选择菜单栏中的"插入"→"布局"→"创建布局向导"命令。

12.4.3 相对图纸空间比例缩放视图

如果布局图中使用了多个浮动视口时，就可以为这些视口中的视图建立相同的缩放比例。这时可选择要修改其缩放比例的浮动视口，在"状态栏"的"视口比例"列表框中 1.781958 ▾ 选择某一比例，然后对其他的所有浮动视口执行同样的操作，就可以设置一个相同的比例值，如图12-42 所示。

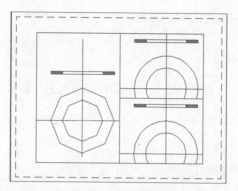

图 12-42 为浮动视口设置相同的比例

在 AutoCAD 中，通过对齐两个浮动视口中的视图，可以排列图形中的元素。要采用角度、水平和垂直对齐方式，可以相对一个视口中指定的基点平移另一个视口中的视图。

12.4.4 创建浮动视口

与模型空间一样，用户可以在布局空间建立多个视口，以便显示模型的不同视图。在布局空间中建立视口时，可以确定视口的大小，并且可以将其定位于布局空间的任意位置，因此，布局空间的视口通常被称为浮动视口。

在 AutoCAD 2017 中，用户还可以对已创建的浮动视口进行删除、移动、拉伸和缩放等操作。

在创建布局时，浮动视口是一个非常重要的工具，用于显示模型空间和布局空间中的图形。因此，浮动视口相当于模型空间和布局空间的一个"二传手"。

在创建布局后，系统将自动创建一个浮动视口。如果该视口不符合要求，用户可以将其删除，然后重新建立新的浮动视口。如果在浮动视口内双击鼠标左键，则可以进入浮动模型空间，其边界将以粗线显示，如图 12-43 所示。

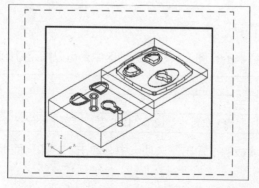

图 12-43 浮动模型空间

12.5 图纸打印参数的设置

创建完图形之后，通常要打印到图纸上，也可以生成一份电子图纸，以便从互联网上进行访问。打印的图形可以包含图形的单一视图，或者更为复杂的视图排列。为了使用户更好地掌握图形输出的方法和技巧，下面将介绍打印图形的一些相关知识，如设置打印设备、设置图纸的尺寸、打印区域的设置、打印比例和预览打印效果等。

12.5.1 设置打印设备

为了获得更好的打印效果，在打印之前，应对打印设备进行设置。

设置打印设备的 3 种方法如下。

◆ 命令行：输入 PLOT 命令。
◆ 菜单栏：选择菜单栏中的"文件"→"打印"命令。
◆ 按钮法：切换至"输出"选项卡，单击"打印"面板中的"打印"按钮🖶。

执行上述操作之一后，弹出"打印－模型"对话框。在"打印－模型"对话框的"打印机／绘图仪"选项区中，可以设置打印设备，用户可以在"名称"下拉列表框中选择需要的打印设备，如图 12-44 所示。

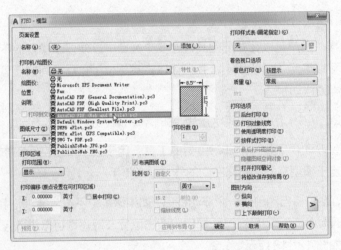

图 12-44 "打印－模型"对话框

12.5.2 设置图纸的尺寸

在"打印－模型"对话框的"图纸尺寸"选项区中，可以指定打印的图纸尺寸大小。

	素材文件	无
	效果文件	无
	视频文件	光盘 \ 视频 \ 第 12 章 \12.5.2 设置图纸的尺寸 .mp4

步骤 01 在"功能区"选项板的"输出"选项卡中，单击"打印"面板中的"页面设置管理器"按钮，如图12-45所示。

步骤 02 弹出"页面设置管理器"对话框，单击"修改"按钮，如图12-46所示。

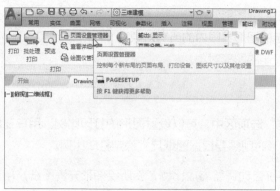
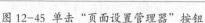

图 12-45 单击"页面设置管理器"按钮　　　　图 12-46 "页面设置管理器"对话框

步骤 03 弹出"页面设置-模型"对话框，单击"名称"下拉按钮，在弹出的下拉列表中选择合适的打印设备，单击"图纸尺寸"下拉按钮，在弹出的下拉列表中选择合适的选项，如图12-47所示。

步骤 04 单击"确定"按钮，返回到"页面设置管理器"对话框，单击"关闭"按钮，如图12-48所示，即可设置图纸尺寸。

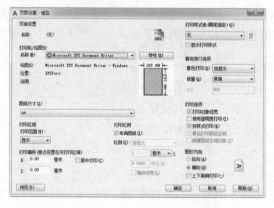

图 12-47 "页面设置-模型"对话框　　　　图 12-48 "页面设置管理器"对话框

专家提醒

　　页面设置是打印设备和其他用于与确定最终输出的外观和格式的设置集合，这些设置储存在图形文件中，可以修改并应用于其他布局。

　　设置图纸尺寸的 4 种方法如下。

- 命令行：输入 PAGESETUP 命令。
- 菜单栏：选择菜单栏中的"文件"→"页面设置管理器"命令。
- 按钮法：切换至"输出"选项卡，单击"打印"面板中的"页面设置管理器"按钮。
- 程序菜单：单击"应用程序"→"打印"→"页面设置"命令。

12.5.3 打印区域的设置

　　由于 AutoCAD 的绘图界限没有限制，所以在打印图形时，必须设置图形的打印区域，这样可以更准确地打印需要的图形。在"打印-模型"对话框的"打印范围"下拉列表框中包括"窗口""图形界限"和"显示"3 个选项，各选项的含义如下。

◆ 窗口：选择该选项，将打印指定窗口内的图形对象。

◆ 图形界限：选择该选项，只打印设定的图形界限内的所有对象。

◆ 显示：选择该选项，可以打印当前显示的图形对象。

12.5.4 打印比例的设置

在"打印 – 模型"对话框的"打印比例"选项区中，可以设置图形的打印比例。用户在绘制图形时一般按 1:1 的比例绘制，打印输出图形时则需要根据图纸尺寸确定打印比例。

系统默认的选项是"布满图纸"，即系统自动调整缩放比例，使所绘图形充满图纸。用户还可以直接在"比例"下拉列表框中选择标准缩放比例值。如果需要自己指定打印比例，可选择"自定义"选项，此时用户可以在自定义对应的两个文本框中设置打印比例。其中，第一个文本框表示图纸尺寸单位，第二个文本框表示图形单位。例如，如果设置打印比例为 2：1，即可在第一个文本框内输入 2，在第二个文本框内输入 1，表示图形中 1 个单位在打印输出后变为 2 个单位。

12.5.5 打印偏移的设置

在"打印 – 模型"对话框的"打印偏移"选项区中，可以确定打印区域相对于图纸左下角点的偏移量。系统默认从图纸左下角打印图纸。打印原点位于图纸左下角，坐标是（0,0）。该选项区中的 3 个选项含义如下。

◆ "居中打印"复选框：勾选该复选框，将使图形位于图纸中间位置。

◆ "X"文本框：设置图形沿 X 方向相对于图纸左下角的偏移量。

◆ "Y"文本框：设置图形沿 Y 方向相对于图纸左下角的偏移量。

12.5.6 打印图形的预览

完成打印设置后，还可以预览打印效果，如果不满意可以重新设置。AutoCAD 都将按照当前的页面设置、绘图设备设置及绘图样式表等，在屏幕上绘制出最终要输出的图形。

预览打印图形的 4 种方法如下。

◆ 命令行：输入 PREVIEW 命令。

◆ 菜单栏：选择菜单栏中的"文件"→"打印预览"命令。

◆ 按钮法：切换至"输出"选项卡，单击"打印"面板中的"预览"按钮 。

◆ 程序菜单：单击"应用程序"→"打印"→"打印预览"命令。

使用以上任意一种方法，AutoCAD 都将按照当前的页面设置、绘图设备设置及绘图样式表等，在屏幕上绘制出最终要输出的图形。

12.6 图形图纸的发布

在 AutoCAD 2017 中，用户可以以电子格式输出图形文件、进行电子传递，还可以将设计好的作品发布到 Web 供用户浏览等。

12.6.1 打印电子图形

使用 AutoCAD 2017 中的 ePlot 驱动程序，可以发布电子图形到 Internet 上，所创建的文件以 Web 图形格式保存。

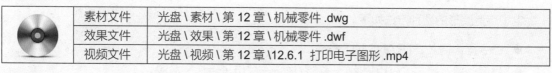

素材文件	光盘 \ 素材 \ 第 12 章 \ 机械零件 .dwg
效果文件	光盘 \ 效果 \ 第 12 章 \ 机械零件 .dwf
视频文件	光盘 \ 视频 \ 第 12 章 \12.6.1 打印电子图形 .mp4

步骤 01 按【Ctrl＋O】组合键，打开素材图形文件，如图12-49所示。

步骤 02 在命令行中输入PLOT（打印）命令，按【Enter】键确认，弹出"打印-模型"对话框，在"名称"下拉列表框中选择DWF6 eplot.pc3选项，如图12-50所示。

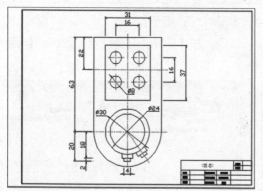

图 12-49　素材图形

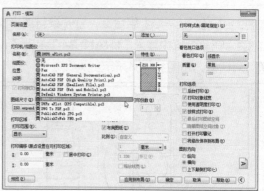

图 12-50　"打印－模型"对话框

专家提醒

为了能够在 Internet 上显示 AutoCAD 图形，Autodesk 采用了一种名为 DWF 的新文件格式。DWF 文件格式包括图层、超级链接、背景颜色、测量距离、线宽和比例等图形特性。用户可以在不损失原始图形文件数据特性的前提下通过 DWF 文件格式共享其数据和文件。DWF 文件高度压缩，因此比设计文件更小，传递速度更快，用它可以交流丰富的设计数据，而又节省大型 CAD 图形的相关开销。

步骤 03 单击"确定"按钮，弹出"浏览打印文件"对话框，设置文件名和保存路径，如图12-51所示。

步骤 04 单击"保存"按钮，弹出"打印作业进度"对话框，如图12-52所示，即可打印图形。

图 12-51　"浏览打印文件"对话框

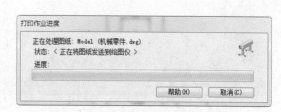

图 12-52　"打印作业进度"对话框

12.6.2 使用"电子传递"命令

使用"电子传递"命令，可以打包一组文件以用于 Internet 传递。传递包中的图形文件会自动包含所有相关从属文件。

电子传递图形的两种方法如下。

◆ 命令行：输入 ETRANSMIT 命令。

◆ 程序菜单：单击"应用程序"→"发送"→"电子传递"命令。

	素材文件	光盘 \ 素材 \ 第 12 章 \ 基板剖视图 .dwg
	效果文件	光盘 \ 效果 \ 第 12 章 \ 基板剖视图 .zip
	视频文件	光盘 \ 视频 \ 第 12 章 \12.6.2 使用"电子传递"命令 .mp4

步骤 01 按【Ctrl + O】组合键，打开素材图形文件，如图12-53所示。

步骤 02 在命令行中输入ETRANSMIT（电子传递）命令，按【Enter】键确认，弹出"创建传递"对话框，如图12-54所示。

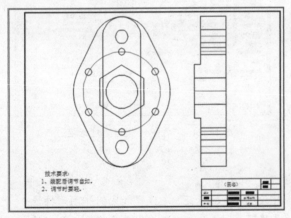

图 12-53 素材图形

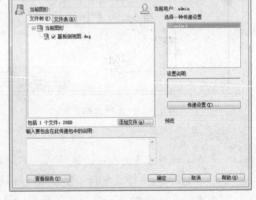

图 12-54 "创建传递"对话框

步骤 03 单击"确定"按钮，弹出"指定Zip文件"对话框，设置文件名和保存路径，如图12-55所示。

步骤 04 单击"保存"按钮，弹出"正在创建归档文件包"对话框，如图12-56所示，即可电子传递图形。

图 12-55 "指定 Zip 文件"对话框

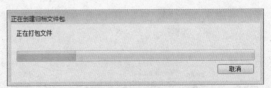

图 12-56 "正在创建归档文件包"对话框

12.6.3 发布三维DWF操作

在 AutoCAD 2017 中，用户可以使用三维 DWF 发布来生成三维模型的 Web 图形格式（DWF）文件。

发布三维 DWF 的 3 种方法如下。

◆ 命令行：输入 3DDWF 命令。

◆ 按钮法：切换至"输出"选项卡，单击"输出为 DWF/PDF"面板中的"三维 DWF"按钮 .

◆ 程序菜单：单击"应用程序"→"输出"→"三维 DWF"命令。

	素材文件	光盘 \ 素材 \ 第 12 章 \ 沙发组合 .dwg
	效果文件	光盘 \ 效果 \ 第 12 章 \ 沙发组合 .dwfx
	视频文件	光盘 \ 视频 \ 第 12 章 \12.6.3 发布三维 DWF 操作 .mp4

步骤 01 按【Ctrl＋O】组合键，打开素材图形文件，如图12-57所示。

步骤 02 输入3DDWF（三维DWF）命令，按【Enter】键确认，弹出相应的对话框，设置文件名和保存路径，如图12-58所示。

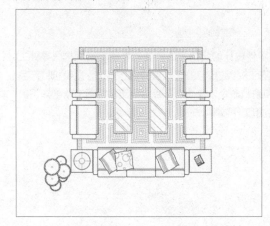
图 12-57 素材图形

图 12-58 "输出三维 DWF"对话框

步骤 03 单击"保存"按钮，即可发布三维DWF文件。

13

Chapter

机械设计实战案例

学前提示

本章主要介绍机械零件设计的绘制方法，让读者掌握绘制机械零件主视图和左视图，绘制阀管的主体渲染与处理阀管的操作方法，以及机械产品设计所需要的各种绘图和编辑命令，使读者在综合运用前面章节所学知识的基础上，提高设计的质量和工作效率。

本章教学目标

- 绘制V带轮
- 绘制阀管

学完本章后你会做什么

- 掌握绘制V带轮操作，如绘制V带轮的主视图与左视图
- 掌握绘制和渲染阀管的操作，如创建阀管的主体以及处理渲染。

视频演示

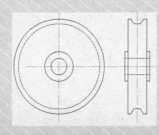

13.1 绘制V带轮

本实例介绍绘制 V 带轮，效果如图 13-1 所示。

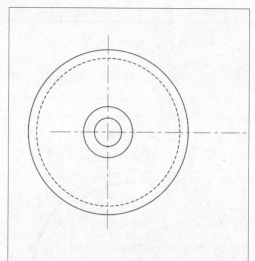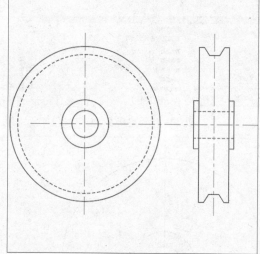

图 13-1 V 带轮

素材文件	无
效果文件	光盘 \ 效果 \ 第 13 章 \ 圆柱齿轮 .dwg
视频文件	光盘 \ 视频 \ 第 13 章 \13.1.1 绘制 V 带轮的主视图 .mp4、13.1.2 绘制 V 带轮的左视 .mp4

13.1.1 绘制V带轮的主视图

下面介绍绘制 V 带轮主视图的具体操作步骤。

步骤01 新建一个CAD文件，执行LA（图层）命令，弹出"图层特性管理器"面板，依次创建"辅助线"图层（红色、CENTER）、"轮廓"图层和"细实线"图层（线型为HIDDEN）；在"辅助线"图层上右击，在弹出的快捷菜单中选择"置为当前"选项，如图13-2所示，将其设置为当前图层。

步骤02 执行L（直线）命令，在命令行提示下，在绘图区中的任意位置指定起点，输入500，绘制一条水平直线；在水平直线的上方拾取一点，指定为垂直直线的起点，输入340，绘制一条垂直直线，如图13-3所示。

步骤03 将"轮廓"图层置为当前，执行C（圆）命令，在命令行提示下，以两条直线的交点为圆心，依次输入25、45、145，绘制同心圆，如图13-4所示。

步骤04 将"细实线"图层置为当前，执行C（圆）命令，在命令行提示下，以两条直线的交点为圆心，输入130，绘制圆对象，效果如图13-5所示。

> **专家提醒**
>
> AutoCAD 的图形对象必须绘制在某个图层上，它可以是默认的图层，也可以是用户自己创建的图层。

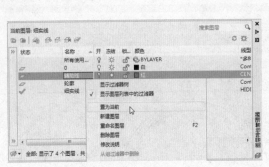

图 13-2　创建图层

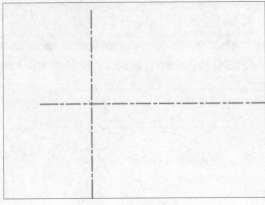

图 13-3　绘制两条直线

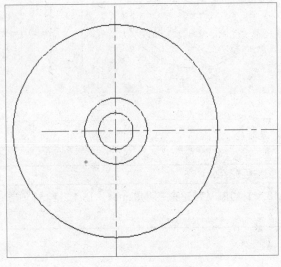

图 13-4　绘制同心圆

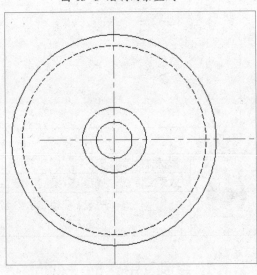

图 13-5　绘制圆

13.1.2　绘制V带轮的左视图

下面介绍绘制 V 带轮左视图的具体操作步骤。

步骤 01　执行O（偏移）命令，在命令行提示下，设置偏移距离为250，将垂直中心线向右偏移，如图13-6所示。

步骤 02　重复执行O（偏移）命令，在命令行提示下，设置距离为10、20、30，拾取偏移后的直线，分别向左、右偏移，将偏移直线转换至"轮廓"图层，如图13-7所示。

步骤 03　将"轮廓"图层置为当前，执行XL（构造线）命令，在命令行提示下，分别拾取半径为130和145的圆上象限点，绘制两条构造线，如图13-8所示。

步骤 04　执行L（直线）命令，在命令行提示下，分别连接相应的端点，绘制两条倾斜的直线，如图13-9所示。

步骤 05　执行TR（修剪）命令，在命令行提示下，修剪绘图区中多余的线段，并删除不需要的辅助线段，如图13-10所示。

步骤 06　执行MI（镜像）命令，在命令行提示下，拾取修剪后的图形对象为镜像对象，以水平直线为镜像轴线，进行镜像处理，效果如图13-11所示。

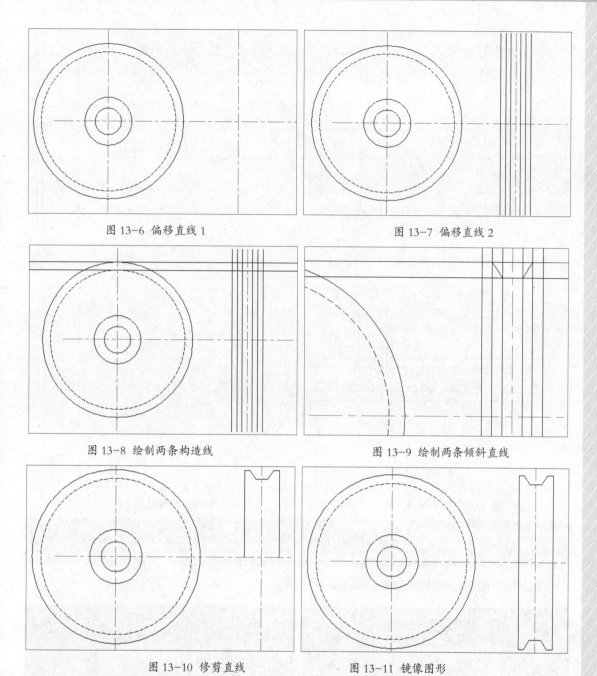

图 13-6 偏移直线 1　　　　　　　　　　图 13-7 偏移直线 2

图 13-8 绘制两条构造线　　　　　　　图 13-9 绘制两条倾斜直线

图 13-10 修剪直线　　　　　　　　　　图 13-11 镜像图形

步骤 07　执行O（偏移）命令，在命令行提示下，设置偏移距离为10，依次拾取最外侧的两条垂直直线，分别向左、右偏移，效果如图13-12所示。

步骤 08　重复执行O（偏移）命令，在命令行提示下，依次设置偏移距离为25、45，拾取水平直线，分别向上、下进行偏移处理，效果如图13-13所示。

步骤 09　依次拾取偏移45和25的直线，分别转换至"轮廓"图层和"细实线"图层，效果如图13-14所示。

步骤 10　执行TR（修剪）命令，在命令行提示下，修剪绘图区中多余的线段，并删除不需要的线段，效果如图13-15所示。

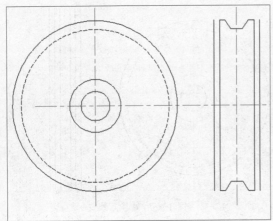

图 13-12 偏移直线 3

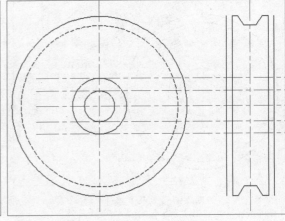

图 13-13 偏移直线 4

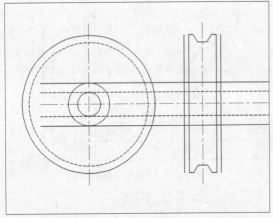

图 13-14 拾取偏移直线

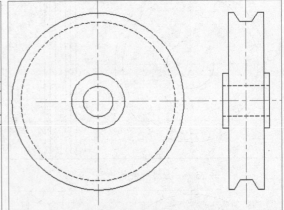

图 13-15 修剪图形

13.2 绘制阀管

本实例介绍阀管的绘制，效果如图 13-16 所示。

图 13-16 阀管

素材文件	无
效果文件	光盘\效果\第13章\阀管.dwg
视频文件	光盘\视频\第13章\13.2.1 创建阀管的主体.mp4、13.2.2 渲染与处理阀管.mp4

13.2.1 创建阀管的主体

下面介绍创建阀管主体的具体操作步骤。

步骤01 新建一个CAD文件；设置视图为"西南等轴测"，执行C（圆）命令，按【Enter】键确认，根据命令行的提示，以坐标点（0,0）为圆心，绘制半径为15的圆，如图13-17所示。

步骤02 重复执行C（圆）命令，按【Enter】键确认，根据命令行的提示，以坐标点（0,0）为圆心，绘制半径为21的圆，再以坐标点（0,26）为圆心绘制半径为5和8的同心圆，如图13-18所示。

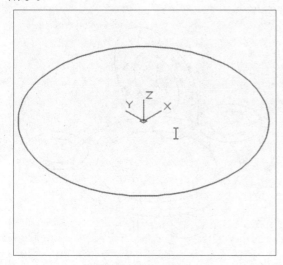

图 13-17 绘制圆 1

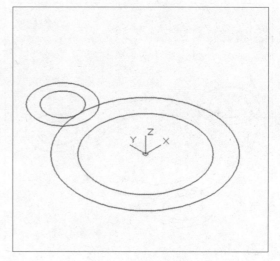

图 13-18 绘制圆 2

步骤03 在命令行中输入ARRAYPOLAR（环形阵列）命令，按【Enter】键确认，根据命令行的提示，选择半径为5和8的圆，按【Enter】键确认，输入中心点坐标（0,0,0）、项目总数为3、填充角度为360，进行环形阵列操作，效果如图13-19所示。

步骤04 在命令行中输入UCS（坐标系）命令，按【Enter】键确认；根据命令行的提示，输入X选项，指定旋转角度为90，创建坐标系，如图13-20所示。

步骤05 重复执行UCS（坐标系）命令，按【Enter】键确认；根据命令行的提示，输入坐标点（0,25），移动坐标系，如图13-21所示。

步骤 06 在命令行中输入C（圆）命令，按【Enter】键确认；根据命令行提示以坐标点（0,0）为圆心，依次绘制半径为8和15的圆，如图13-22所示。

步骤06 重复执行C（圆）命令，按【Enter】键确认；根据命令行提示以坐标点（0,11）为圆心，依次绘制半径为1.5的圆，如图13-23所示。

步骤08 在命令行中输入ARRAYPOLAR（环形阵列）命令，按【Enter】键确认；根据命令行提示，选择上一步绘制的小圆，按【Enter】键确认，输入中心点坐标为（0,0,0）、项目总和为

3、填充角度为360°，进行环形阵列操作，如图13-24所示。

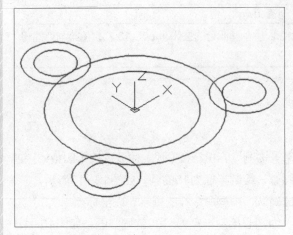

图 13-19 环形阵列 1

图 13-20 创建坐标系

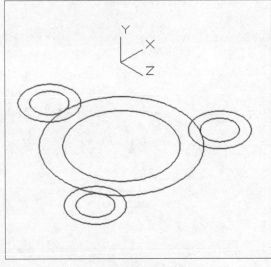

图 13-21 移动坐标系

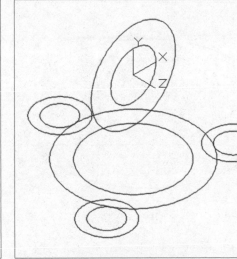

图 13-22 绘制圆 3

图 13-23 绘制圆 4

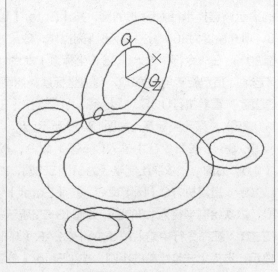

图 13-24 环形阵列 2

步骤 09 在命令行中输入EXPLODE（分解）命令，按【Enter】键确认，根据命令行提示，选择阵列后的小圆为分解对象，如图13-25所示。

步骤 10 在命令行中输入EXT（拉伸）命令，按【Enter】键确认，根据命令行提示，依次选择新创建的对象，设置拉伸高度为38，进行拉伸操作，效果如图13-26所示。

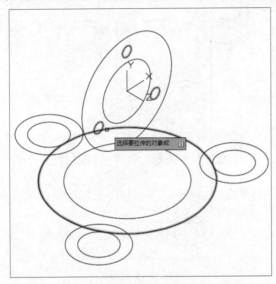

图 13-25 选择拉伸对象

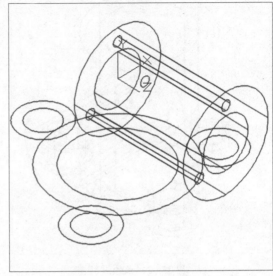

图 13-26 拉伸图形 1

步骤 11 重复执行EXTRUDE（拉伸）命令，按【Enter】键确认，根据命令行提示，依次选择半径为15和21的圆，设置拉伸高度为50，进行拉伸操作，效果如图13-27所示。

步骤 12 在命令行中输入EXPLODE（分解）命令，按【Enter】键确认，根据命令行提示，选择阵列后的半径为5和8的圆为分解对象，如图13-28所示。

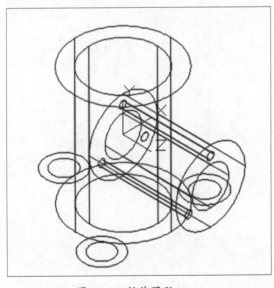

图 13-27 拉伸图形 2

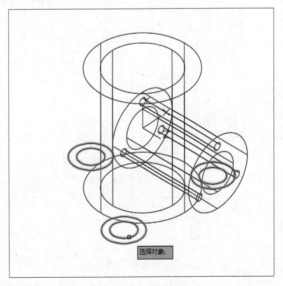

图 13-28 选择分解对象

步骤 13 在命令行中输入EXT（拉伸）命令，按【Enter】键确认，根据命令行提示，选择所有上一步分解的圆，设置拉伸高度为8，进行拉伸操作，效果如图13-29所示。

步骤 14 在命令行中输入COPY（复制）命令，按【Enter】键确认，根据命令行提示，选择上步生成的拉伸实体，在绘图区任意指定一点为基点，输入第二点的坐标为（@0,42），进行复制操作，效果如图13-30所示。

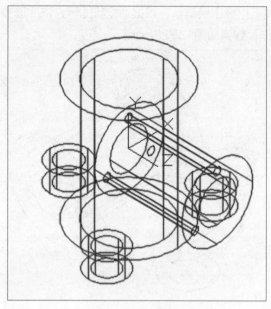

图 13-29 拉伸图形 3

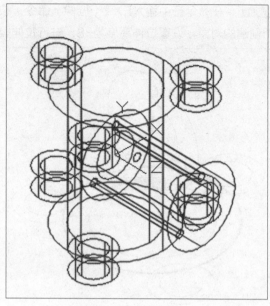

图 13-30 复制图形

步骤15 在命令行中输入UNION（并集）命令，按【Enter】键确认，根据命令行提示，依次选择所有外侧圆柱体，进行并集运算，如图13-31所示。

步骤16 重复执行UNION（并集）命令，按【Enter】键确认，根据命令行提示，依次选择所有内侧圆柱体，进行并集运算，如图13-32所示。

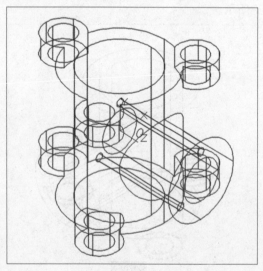

图 13-31 并集运算图形 1

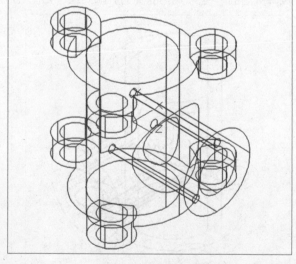

图 13-32 并集运算图形 2

步骤17 在命令行中输入SUBTRACT（差集）命令，按【Enter】键确认，根据命令行提示，选择外侧圆柱体的并集和内侧圆柱体的并集，进行差集运算，如图13-33所示。

步骤18 单击"可视化"面板中"视觉样式"右侧的下拉按钮，在弹出的列表框中选择"概念"选项，即可将视图转换成概念视觉样式，效果如图13-34所示。

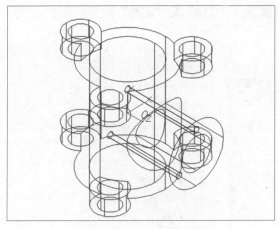

图 13-33 差集运算图形

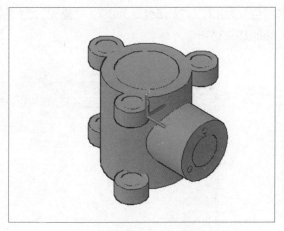

图 13-34 概念视觉样式

13.2.2 渲染与处理阀管

下面介绍渲染阀管的具体操作步骤。

步骤 01 调入地面材质；单击"可视化"面板中"视觉样式"选项右侧的下拉按钮，在弹出的列表框中选择"真实"选项，即可将视图转换成真实的视觉样式，效果如图13-35所示。

步骤 02 执行MATERIALS（材质）命令，按【Enter】键确认，弹出"材质浏览器"面板，单击"创建材质"右侧的下拉按钮，在弹出的下拉菜单中选择"新建常规材质"选项，如图13-36所示。

图 13-35 以"真实"样式显示图形

图 13-36 选择"新建常规材质"选项

步骤 03 在"材质浏览器"面板上将显示新建的材质球，并弹出"材质编辑器"面板，在"图像"右侧的空白处单击，弹出"材质编辑器打开文件"对话框，选择合适的贴图文件，如图13-37所示。

步骤 04 单击"打开"按钮，返回到"材质编辑器"面板，在"常规"选项区中设置设置"图像褪色"为83、"光泽度"为80、"高光"为"金属"、"直接"和"倾斜"的反射率均为90，如图13-38所示。

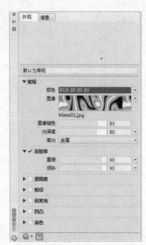

图 13-37 选择合适的贴图文件　　　　图 13-38 "材质编辑器"参数设置

步骤 05　在"材质编辑器"面板中单击"图像"右侧的下拉按钮，在弹出的下拉菜单中选择"平铺"选项，在弹出的"纹理编辑器"面板中，设置"瓷砖计数"均为0，在"变换"选区中，设置"样例尺寸"的"宽度"和"高度"均为0.25；在绘图区中选择阀管实体，然后在新建的材质球上，单击鼠标右键，在弹出的快捷菜单中选择 "指定给当前选择"选项，执行操作后，效果如图13-39所示。

步骤 06　执行VIEW（视图）命令，弹出"视图管理器"对话框，单击"新建"按钮；在弹出的"新建视图/快照特性"对话框，设置"视图名称"为"渲染"，在"背景"下拉列表框中选择"阳光与天光"选项，如图13-40所示。在弹出的"调整阳光与天光背景"对话框中单击"确定"按钮，返回"新建视图/快照特性"对话框，先单击"当前显示"按钮，再单击"确定"按钮，即可启用天光背景。

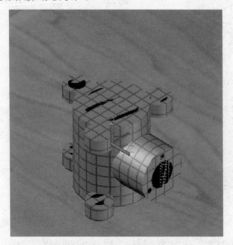

图 13-39 赋予材质模型　　　　图 13-40 "新建视图 / 快照特性"对话框

步骤 07　执行RENDER（渲染）命令，按【Enter】键确认，即可渲染图形，效果如图13-41所示。

步骤 08　切换至东南等轴测视图，采用相同的方法渲染图形，效果如图13-42所示。

图 13-41 渲染图形效果 1

图 13-42 渲染图形效果 2

14

Chapter

室内设计实战案例

学前提示

在进行室内装修时，室内水电设计是不可缺少的一部分。本章将详细介绍水疗池管路设置、基本设施以及水疗池电路构建图。同时，介绍了户型图的墙体、门窗以及平面结构的绘制与完善技巧。

本章教学目标

- 绘制水疗池给水图
- 绘制户型平面图

学完本章后你会做什么

- 掌握创建水疗池管路、创建水疗池设施的操作
- 掌握绘制户型图墙体、门窗的操作

视频演示

14.1 绘制水疗池给水图

本实例介绍水疗池给水图的绘制，效果如图 14-1 所示。

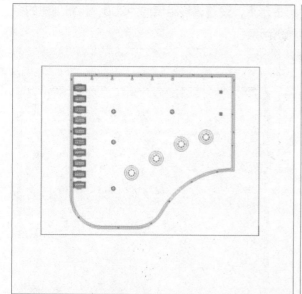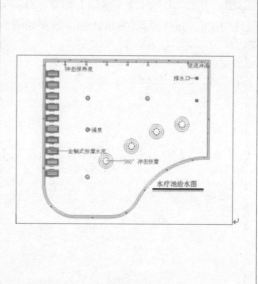

图 14-1 水疗池给水图

	素材文件	光盘\素材\第 14 章\无
	效果文件	光盘\效果\第 14 章\14.1.3 上一例效果文件.dwg
	视频文件	光盘\视频\第 14 章\14.1.1 创建水疗池管路.mp4、14.1.2 创建水疗池设施.mp4、14.1.3 构建水疗池电路图.mp4

14.1.1 创建水疗池管路

下面介绍创建水疗池管路的具体操作步骤。

步骤 01 新建一个CAD文件，执行LA（图层）命令，弹出"图层特性管理器"面板，新建"墙体"图层、"基本设施"图层（蓝色），如图14-2所示。

步骤 02 在"墙体"图层上，单击鼠标右键，在弹出的快捷菜单中，选择"置为当前"选项，即可将"墙体"图层置为当前图层，如图14-3所示。

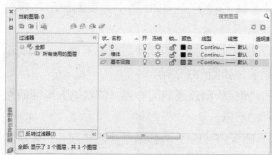

图 14-2 创建图层　　　　　　　　　　　图 14-3 置为当前图层

步骤03 执行PL（多段线）命令，在命令行提示下，依次输入（0，0）、（@28167，0）、（@0，（-16126）、A、R、13600、（@14034<-150）、（@5436<-150）、L、（@-5905，0）、A、@7637<135）、L、（@0，20461），创建多段线，如图14-4所示。

步骤04 执行OFFSET（偏移）命令，在命令行提示下，设置偏移距离均为200，将新创建的多段线对象向内进行两次偏移处理，效果如图14-5所示。

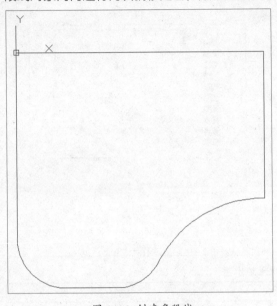

图 14-4 创建多段线　　　　　　　　　　　　图 14-5 偏移图形效果

14.1.2 创建水疗池设施

下面介绍创建水疗池设施的具体操作步骤。

步骤01 将"基本设施"图层置为当前。执行C（圆）命令，在命令行提示下，输入FROM（捕捉自）命令，捕捉最内侧多段线的左上角点，依次输入（@7049，-5876）和46，按【Enter】键确认，创建圆，如图14-6所示。

步骤02 重复执行C（圆）命令，在命令行提示下，捕捉绘图区中新创建圆的圆心点为圆心，依次输入240和336，并按【Enter】键确认，即可创建两个圆对象，效果如图图14-7所示。

步骤03 执行COPY（复制）命令，在命令行提示下，选择新创建的所有圆形，捕捉圆心点，然后依次输入（@10109，0）、（@0，-5131）和（@0，-12871），复制图形，如图14-8示。

步骤04 执行C（圆）命令，在命令行提示下，输入FROM，捕捉内侧多段线右下角点，依次输入（@-4372，5257）和600，按【Enter】键确认，如图14-9所示。

步骤05 重复执行C（圆）命令，在命令行提示下，捕捉新创建圆的圆心点，依次输入半径值为900和1200，即可创建两个圆对象，效果如图14-10所示。

步骤06 重复执行C（圆）命令，在命令行提示下，输入FROM，捕捉新创建圆的圆心，依次输入（@0，507）和40，按【Enter】键确认，创建圆，效果如图14-11所示。

图 14-6 创建圆 1

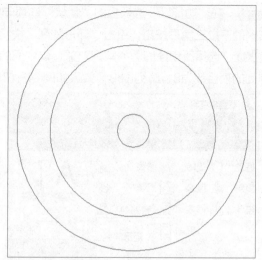

图 14-7 创建两个圆 1

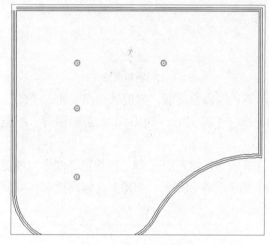

图 14-8 复制图形 1

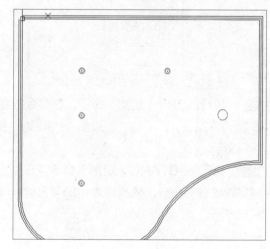

14-9 创建圆 2

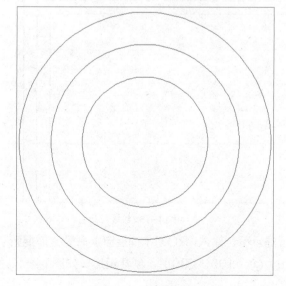

图 14-10 创建两个圆 2

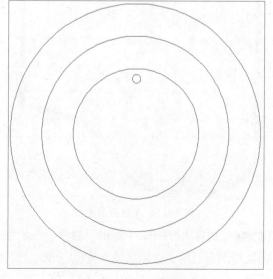

图 14-11 创建圆 3

步骤 07 在"功能区"选项板的"默认"选项卡中,单击"修改"面板中的"阵列"按钮 阵列 右侧的下拉三角形按钮,单击"环形阵列"按钮,如图14-12所示。

步骤 08 选择新创建的圆为阵列对象,以中间的圆心点为阵列中心点,在"阵列"选项卡中输入阵列的项目数为8,阵列图形,效果如图14-13所示。

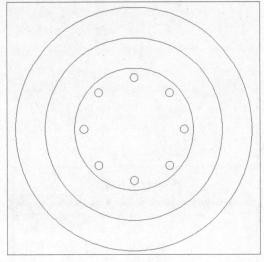

图 14-12 单击"环形阵列"按钮　　　　图 14-13 阵列图形

步骤 09 执行COPY(复制)命令,在命令行提示下,选择合适圆,捕捉圆心点,输入(@ - 4264,-1218)、(@ - 8528,-3636)和(@ - 12792,-6054),复制图形,如图14-14所示。

步骤 10 执行RECTANG(矩形)命令,在命令行提示下,输入FROM(捕捉自)命令,捕捉内侧多段线右上角点,依次输入(@ - 3341,0)和(@ - 200,-100),创建矩形,如图14-15所示。

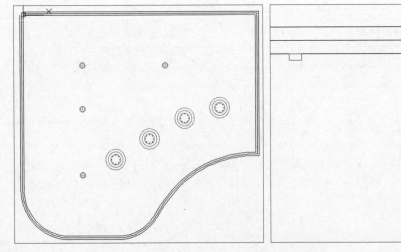

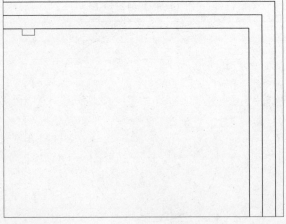

图 14-14 复制图形 2　　　　图 14-15 创建矩形

步骤 11 重复执行REC(矩形)命令,在命令行提示下,输入FROM(捕捉自)命令,捕捉新创建矩形右上角点,依次输入(@ - 50,0)和(@ - 100,200),创建矩形,如图14-16所示。

步骤 12　执行PL（多段线）命令，在命令行提示下，输入FROM（捕捉自）命令，捕捉内侧多段线左上角点，依次输入（@3192，- 300）、（@193，0）、（@255<- 70）、（@ - 367，0）、（@255<70）、（@0，500）、（@193，0）和（@0，- 500），创建多段线，效果如图14-17所示。

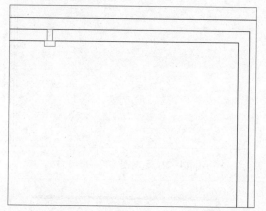

图 14-16 创建矩形

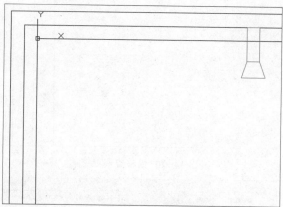

图 14-17 创建多段线

步骤 13　执行COPY（复制）命令，在命令行提示下，选择新创建多段线，捕捉左上角点，输入（@3479，0）、（@6959，0）、（@10438，0）和（@13916，0），复制图形，效果如图14-18所示。"

步骤 14　执行REC（矩形）命令，在命令行提示下，输入FROM，捕捉内侧多段线的右上角点，依次输入（@ - 1649，- 2330）和（@ - 449，- 449），创建矩形，并对新创建的矩形进行分解处理，如图14-19所示。

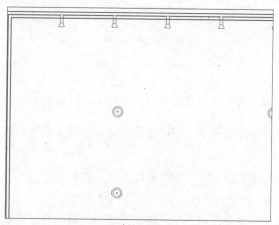

图 14-18 复制图形 3

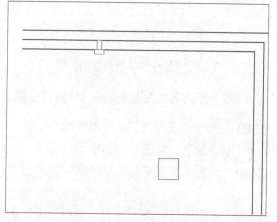

图 14-19 创建并分解矩形

步骤 15　执行OFFSET（偏移）命令，在命令行提示下，依次设置偏移距离为149和150，将矩形上方直线向下进行偏移处理；将矩形左侧直线向右进行偏移，如图18-20所示。

步骤 16　执行COPY（复制）命令，在命令行提示下，选择新创建的图形为复制对象，并捕捉选择图形的左上角点为基点，向下引导光标，输入3644，复制图形，如图14-21所示。

步骤 17　执行INSERT（插入）命令，弹出"插入"对话框，单击"浏览"按钮，弹出"选择图形文件"对话框，选择合适的图形文件，效果如图14-22所示。

步骤 18　单击"打开"按钮，返回到"插入对话框，单击"确定"按钮，在绘图区中任意指定一点，插入图块，并将其移动合适的位置，如图14-23所示。

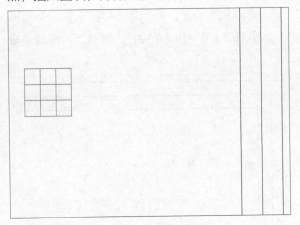

图 14-20 偏移直线效果

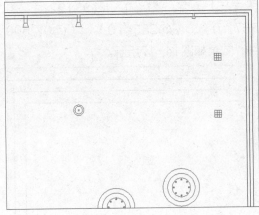

图 14-21 复制图形

图 14-22 选择合适的图形文件

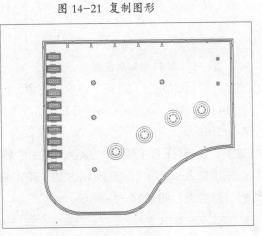

图 14-23 插入图块

14.1.3 构建水疗池电路图

下面介绍完善室内电路图的具体操作步骤。

步骤 01 执行MLEADER（多重引线）命令，在命令行提示下，捕捉合适端点，弹出文本框和选项卡，输入文字，如图14-24所示。

步骤 02 设置"文字高度"为650，在空白处，单击鼠标左键，创建多重引线，效果如图14-25所示。

步骤 03 重复执行MLEADER（多重引线）命令，在命令行提示下，在绘图区中的其他合适位置处，创建多重引线，效果如图14-26所示。

步骤 04 将"墙体"图层置为当前。执行MT（多行文字）命令，在命令行提示下，设置"文字高度"为800，在下方合适位置，输入相应的文字，并调整位置，如图14-27所示。

步骤 05 执行L（直线）命令，在文字的下方，创建长度为8625的直线；执行OFFSET（偏移）命令，将直线向下偏移300，如图14-28所示。

步骤 06 执行PL（多段线）命令，在命令行提示下，创建宽度为150的多段线，如图14-29所示。

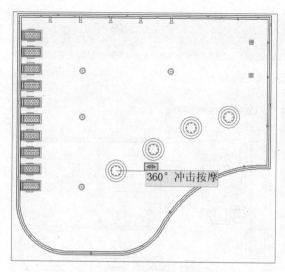

图 14-24 输入文字 1

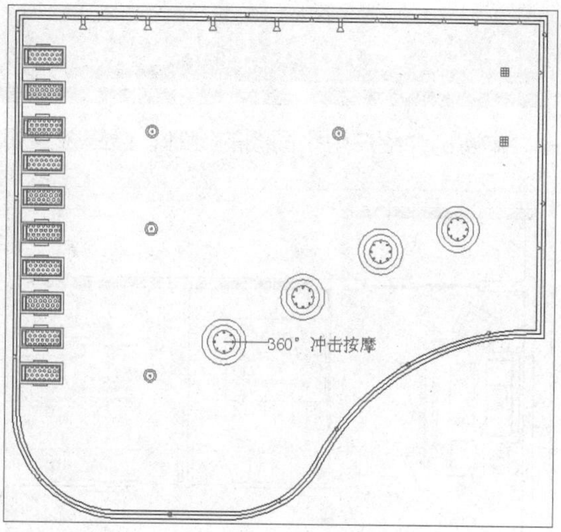

图 14-25 创建多重引线

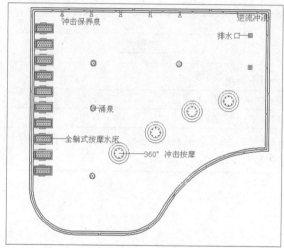

图 14-26 创建其他多重引线

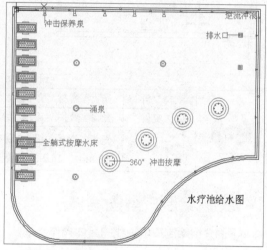

图 14-27 输入文字 2

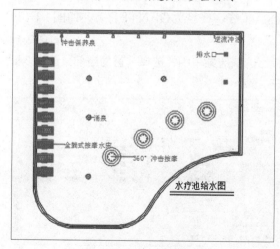

图 14-28 创建并偏移直线

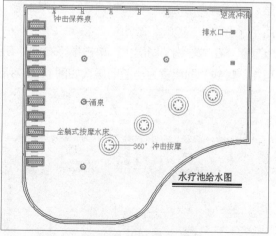

图 14-29 创建多段线

14.2 绘制户型平面图

本实例介绍户型平面图的绘制，最终效果如图 14-30 所示。

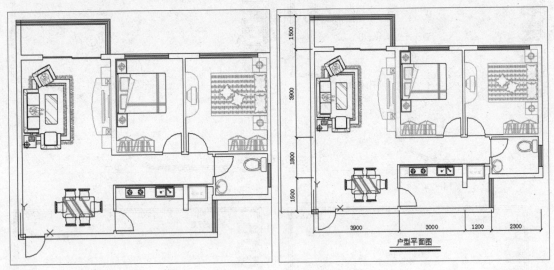

图 14-30 户型平面图

素材文件	光盘 \ 素材 \ 第 14 章 \ 沙发 .dwg、床 .dwg
效果文件	光盘 \ 效果 \ 第 14 章 \ 户型平面图 .dwg
视频文件	光盘 \ 视频 \ 第 14 章 \14.2.1 绘制户型图墙体 .mp4、14.2.2 绘制户型图门窗 .mp4、14.2.3 完善户型平面图 .mp4

14.2.1 绘制户型图墙体

下面介绍绘制户型轴线的具体操作步骤。

步骤 01 新建一个CAD文件，执行LA（图层）命令，弹出相应的图层面板，新建"墙体"图层、"家具"图层、"标注"图层、"轴线"图层（红、线型为CENTER），如图14-31所示。

步骤 02 在"轴线"图层上，单击鼠标右键，在弹出的快捷菜单中，选择"置为当前"选项，即可将"轴线"图层置为当前图层，如图14-32所示。

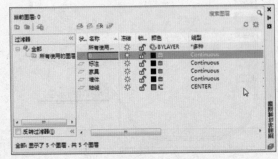

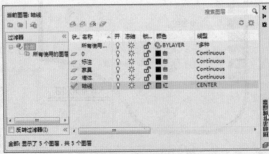

图 14-31 创建图层　　　　　　　图 14-32 置为当前图层

步骤 03 执行L（直线）命令，在命令行提示下，输入（0，0），按【Enter】键确认，向右引导光标，输入10400并确认，创建直线，效果如图14-33所示。

步骤 04 重复执行L（直线）命令，在命令行提示下，捕捉新创建直线左端点，向上引导光标，输入8700，按【Enter】键确认，创建直线，效果如图14-34所示。

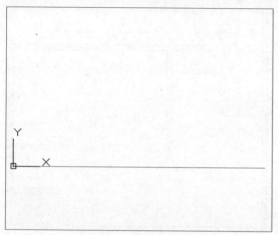

图 14-33 创建直线 1

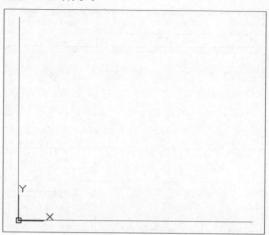

图 14-34 创建直线 2

步骤 05 执行OFFSET（偏移）命令，在命令行提示下，依次设置偏移距离为3900、3000、1200、2300，将左侧直线向右进行偏移处理，效果如图14-35所示。

步骤 06 重复执行OFFSET（偏移）命令，在命令行提示下，依次设置偏移距离为1500、500、1300、3900、600、900，将下方直线向上进行偏移处理，效果如图14-36所示。

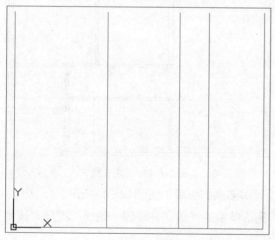

图 14-35 偏移直线效果 1

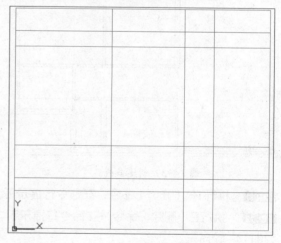

图 14-36 偏移直线效果 2

步骤 07 将"墙体"图层置为当前图层，执行ML（多线）命令，在命令行提示下设置"比例"为200、"对正"为"无"，依次捕捉轴线上合适的端点，创建多线，如图14-37所示。

步骤 08 重复执行ML（多线）命令，在命令行提示下，设置"比例"为200、"对正"为"无"，依次捕捉合适端点，创建多线，如图14-38所示。

步骤 09 执行ML（多线）命令，在命令行提示下，设置"比例"为100、"对正"为"无"，依次捕捉合适端点，创建多线，如图14-39所示。

步骤 10 执行EXPLODE（分解）命令，在命令行提示下，分解所有多线对象；执行L（直线）命令，在命令行提示下，捕捉最上方的左右端点，创建直线，如图14-40所示。

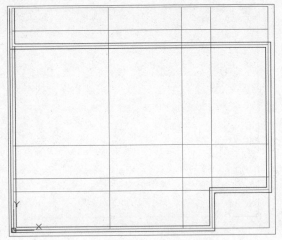

图 14-37 创建多线 1

图 14-38 创建多线 2

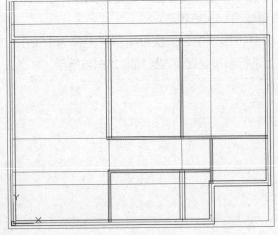

图 14-39 创建多线 3

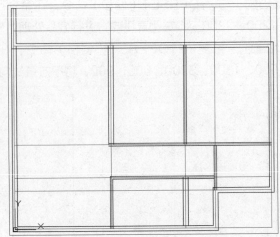

图 14-40 创建直线 3

步骤 11 执行TR（修剪）命令，在命令行提示下，修剪多余的线段，如图14-41所示。

步骤 12 执行E（删除）命令，在命令行提示下，删除多余的线段，并隐藏"轴线"图层，效果如图14-42所示。

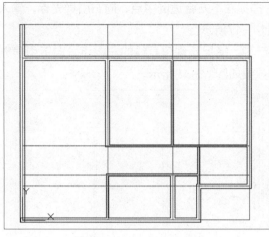

图 14-41 修剪直线

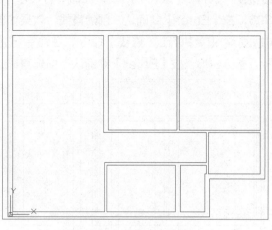

图 14-42 删除多余线段

14.2.2 绘制户型图门窗

下面介绍绘制户型图门窗的具体操作步骤。

步骤 01 显示"轴线"图层。执行OFFSET（偏移）命令，在命令行的提示下，设置偏移距离依次为200、800、900、450、500、300，将最下方的轴线向上进行偏移处理，效果如图14-43所示。

步骤 02 重复执行OFFSET（偏移）命令，在命令行提示下，设置偏移距离依次为200、800、2400、1000、1550、300、500、300、500、300、1750，将最左侧的轴线向右进行偏移处理，效果如图14-44所示。

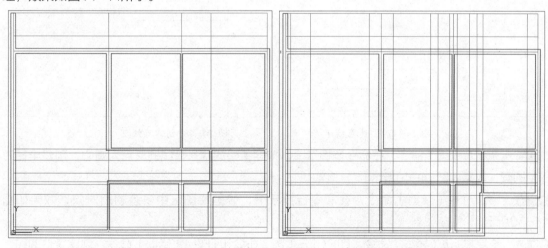

图 14-43 偏移直线效果 1　　　　　　　　图 14-44 偏移直线效果 2

步骤 03 选择所有偏移后的直线，单击"图层"面板中的"图层"右侧的下拉按钮，在弹出的列表框中，选择"墙体"图层；替换图层，隐藏"轴线"图层，如图14-45所示。

步骤 04 执行TR（修剪）命令，在命令行提示下，修剪多余的直线；执行ERASE命令，在命令行提示下，删除多余的直线对象，效果如图14-46所示。

步骤 05　执行L（直线）命令，在命令行提示下，捕捉左下方合适的中点，向右引导光标，输入800，按【Enter】键确认，创建直线，效果如图14-47所示。

步骤 06　重复执行L（直线）命令，在命令行提示下，捕捉新创建直线的左端点，向下引导光标，输入800，按【Enter】键确认，创建直线，效果如图14-48所示。

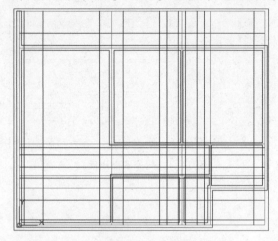

图 14-45　转换图层效果

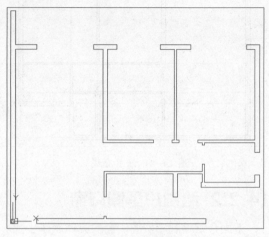

图 14-46　删除多余的直线

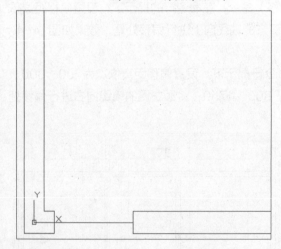

图 14-47　创建直线 1

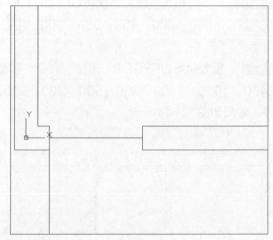

图 14-48　创建直线 2

步骤 07　执行C（圆）命令，在命令行提示下，捕捉新建的两条直线的交点为圆心，创建半径为800的圆，效果如图14-49所示。

步骤 08　执行TR（修剪）命令，在命令行提示下，修剪绘图区中多余的圆对象，效果如图14-50所示。

步骤 09　重复执行L（直线）命令、CIRCLE（圆）命令和TRIM（修剪）命令，创建其他的门，效果如图14-51所示。

步骤 10　执行L（直线）命令，在命令行提示下，依次捕捉右下方合适的端点，创建直线，效果如图14-52所示。

步骤 11　执行OFFSET（偏移）命令，在命令行提示下，设置偏移距离为50，将新创建的直线向左偏移4次，效果如图14-53所示。

步骤 12 重复执行L（直线）命令和OFFSET（偏移）命令，创建其他窗户对象，效果如图 14-54所示。

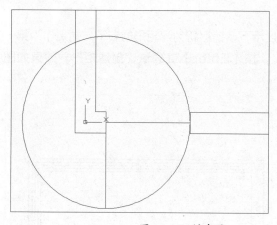

图 14-49 创建圆

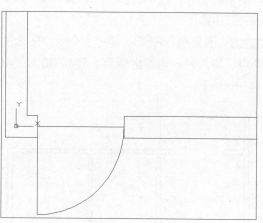

图 14-50 修剪图形

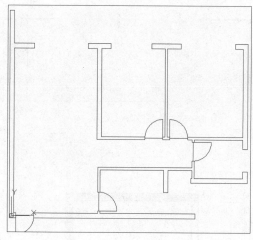

图 14-51 创建其他的门

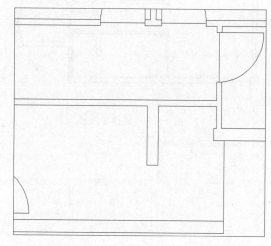

图 14-52 创建直线 3

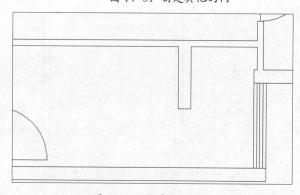

图 14-53 偏移图形

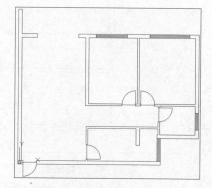

图 14-54 创建其他的窗户

步骤 13 执行PL（多段线）命令，在命令行提示下，捕捉左上方端点，引导光标，依次输入 3900和1400，创建多段线，如图14-55所示。

步骤 14 执行OFFSET（偏移）命令，在命令行提示下，设置偏移距离为50，将新创建的多段 线向下偏移4次，效果如图14-56所示。

步骤 15 执行REC（矩形）命令，在命令行的提示下，输入FROM，捕捉左上方端点，输入（@1100，-1480）和（@1200，-40），按【Enter】键确认，创建矩形，效果如图14-57所示。

步骤 16 重复执行REC（矩形）命令，在命令行提示下，捕捉新创建矩形的右下方端点作为第一角点，输入另一角点坐标为（@1200，-40），按【Enter】键确认，创建矩形，效果如图14-58所示。

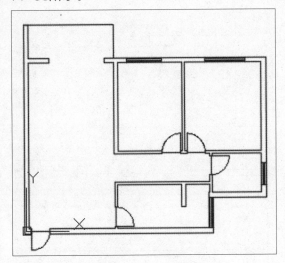

图 14-55 创建多段线

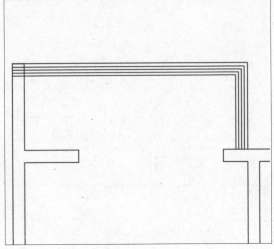

图 14-56 偏移多段线效果

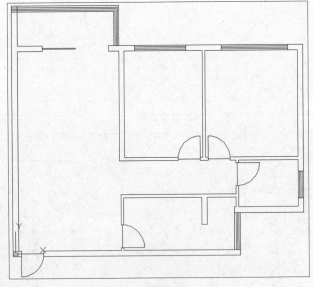

图 14-57 创建矩形 1

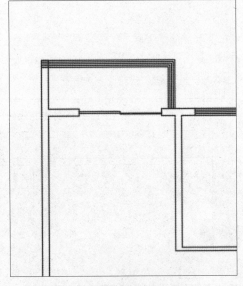

图 14-58 创建矩形 2

14.2.3 完善户型平面图

下面介绍完善户型平面图的具体操作步骤。

步骤 01 将"家具"图层置为当前。执行INSERT（插入）命令，弹出"插入"对话框，单击"浏览"按钮，弹出"选择图形文件"对话框，选择合适的图形文件，如图14-59所示。

步骤 02 单击"打开"按钮，返回到"插入"对话框，单击"确定"按钮，在绘图区中任意指定一点，插入图块，并将其移动合适的位置，如图14-60所示。

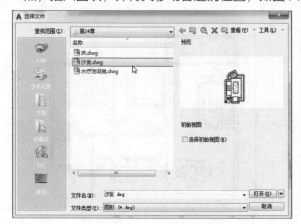

图 14-59 选择合适的图形文件

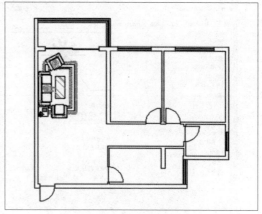

图 14-60 插入图块

步骤 03 重复执行INSERT（插入）命令，在绘图区中，插入其他的图块对象，效果如图14-61所示。

步骤 04 将"标注"图层置为当前图层，并显示"轴线"图层，执行DIMSTYLE（标注样式）命令，弹出"标注样式管理器"对话框，选择ISO-25选项，单击"修改"按钮，如图14-62所示。

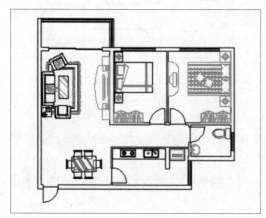

图 14-61 插入其他图块

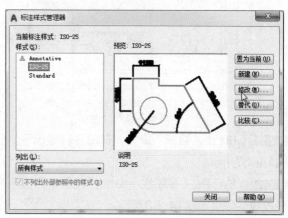

图 14-62 单击"修改"按钮

步骤 05 弹出相应的对话框，切换至"主单位"选项卡，设置"精度"为0；切换至"文字"选项卡将"文字高度"设为200；切换至"线"选项卡，设置"起点偏移量"为100；切换至"箭头和符号"选项卡，设置"第一个"为"建筑标记"、"箭头大小"为100，如图14-63所示。单击"确定"按钮，即可设置标注样式。

步骤 06 返回到"标注样式管理器"对话框，单击"置为当前"按钮后，单击"关闭"按钮；执行DLI（线性标注）命令，在命令行提示下，捕捉最左侧轴线的上下端点，创建线性尺寸标注，效果如图14-64所示。

步骤 07 重复执行DLI（线性标注）命令，在命令行提示下，标注其他的尺寸标注，执行LAYOFF（关闭）命令，在命令行提示下，关闭"轴线"图层，效果如图14-65所示。

步骤 08 执行MT（多行文字）命令，在命令行提示下，设置"文字高度"为230，在绘图区中下方的合适位置处，创建相应的文字，并调整其位置，效果如图14-66所示。

图 14-63 设置参数

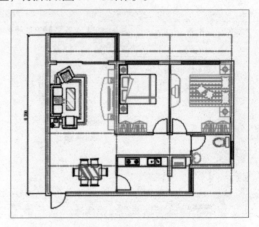

图 14-64 创建线性尺寸标注

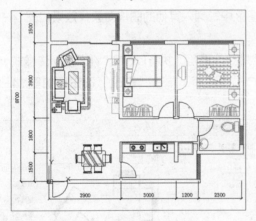

图 14-65 创建其他尺寸标注

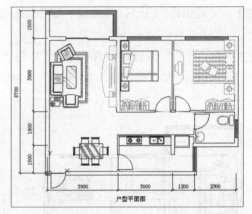

图 14-66 创建文字

步骤 09 执行L（直线）命令，在命令行提示下，在文字下方，创建长度为2300的直线，效果如图14-67所示。

步骤 10 执行PL（多段线）命令，在命令行提示下，指定宽为50，依次捕捉合适的端点，创建多段线，效果如图14-68所示。

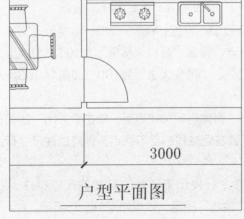

图 14-67 创建直线

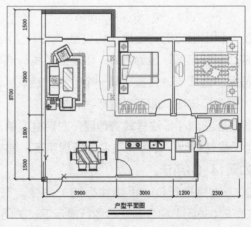

图 14-68 创建多段线

15

Chapter

建筑设计实战案例

学前提示

　　室外规划设计是人类文明的一部分，与人的生活息息相关，包括环境设计、建筑形式、空间分区、色彩等。本章综合运用前面章节所学的知识，向读者介绍室外规划图的绘制方法与设计技巧。

本章教学目标

- 绘制道路平面图
- 绘制园林规划图

学完本章后你会做什么

- 掌握绘制道路平面图的操作，如绘制街道、道路轮廓等
- 掌握绘制园林规划图的操作，如绘制园林轮廓、园林规划图等

视频演示

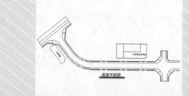

15.1 绘制道路平面图

本实例介绍道路平面图的绘制，效果如图 15-1 所示。

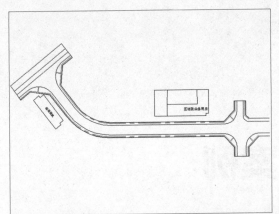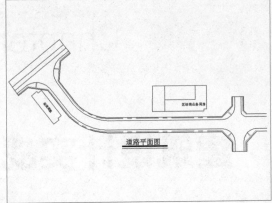

图 15-1 道路平面图

	素材文件	光盘 \ 效果 \ 第 15 章 \ 无
	效果文件	光盘 \ 效果 \ 第 15 章 \ 道路平面图 .dwg
	视频文件	光盘 \ 视频 \ 第 15 章 \15.1.1 绘制街道 .mp4、15.1.2 创建道路轮廓 .mp4、15.1.3 完善道路平面图 .mp4

15.1.1 绘制街道

下面介绍绘制街道的具体操作步骤。

步骤 01 新建一个CAD文件；执行LA（图层）命令，弹出相应的图层面板，新建"红线"图层（红、线型为CENTER）、"道路"图层、"标注"图层，如图15-2所示。

步骤 02 在"红线"图层上，单击鼠标右键，在弹出的快捷菜单中，选择"置为当前"选项，即可将"红线"图层置为当前图层，如图15-3所示。

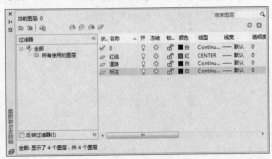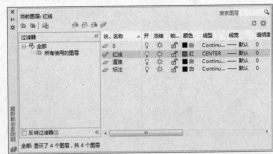

图 15-2 创建图层　　　　　　　　图 15-3 置为当前图层

步骤 03 关闭面板，执行L（直线）命令，在命令行提示下，任意捕捉一点，向右引导光标，输入163，并按【Enter】键确认，创建直线，效果如图15-4所示。

步骤 04 重复执行L（直线）命令，在命令行提示下，捕捉新创建直线的右端点，输入（@15，-15），并按【Enter】键确认，创建直线，效果如图15-5所示。

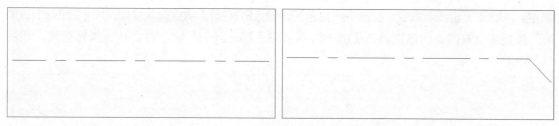

图 15-4 创建直线 1   图 15-5 创建直线 2

步骤 05 重复执行L（直线）命令，在命令行提示下，捕捉新创建直线的右端点，向下引导光标，输入13，并按【Enter】键确认，创建直线，效果如图15-6所示。

步骤 06 执行A（圆弧）命令，在命令行提示下，捕捉水平直线的左端点，依次输入（@‐35，8）和（@‐27，22），按【Enter】键确认，创建圆弧，如图15-7所示。

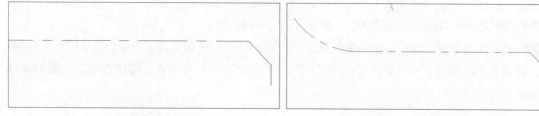

图 15-6 创建直线 3   图 15-7 创建圆弧 1

步骤 07 执行L（直线）命令，在命令行提示下，捕捉新创建圆弧上端点，输入（@‐24，30），按【Enter】键确认，创建直线，效果如图15-8所示。

步骤 08 重复执行L（直线）命令，在命令行提示下，捕捉新创建直线上端点，输入（@‐28，4），按【Enter】键确认，创建直线，效果如图15-9所示。

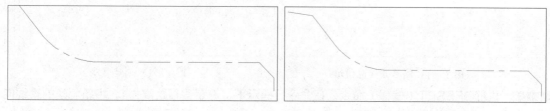

图 15-8 创建直线 4   图 15-9 创建直线 5

步骤 09 重复执行L（直线）命令，在命令行提示下，捕捉新创建直线左端点，输入（@‐14，‐11），按【Enter】键确认，创建直线，效果如图15-10所示。

步骤 10 执行OFFSET（偏移）命令，在命令行提示下，设置偏移距离均为1，将新创建的所有图形对象，向上、向左或向右进行偏移处理，效果如图15-11所示。

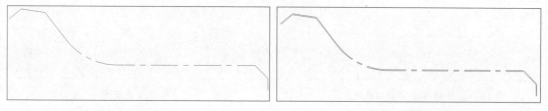

图 15-10 创建直线 6   图 15-11 偏移图形效果

步骤 11 执行FILLET（圆角）命令，在命令行提示下，设置半径为0，对偏移后的图形进行圆角处理，效果如图15-12所示。

步骤 12 执行L（直线）命令，在命令行提示下，输入FROM（捕捉自）命令，按【Enter】键确认，捕捉左上方端点，依次输入（@11，- 1.7）和（@2，14）并确认，创建直线，如图15-13所示。

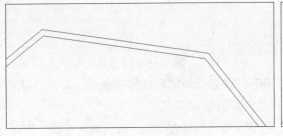

图 15-12 圆角处理效果

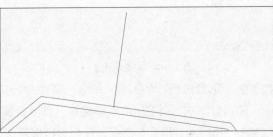

图 15-13 创建直线

步骤 13 执行OFFSET（偏移）命令，在命令行提示下，设置偏移距离为1，将新创建的直线向右进行偏移处理，并修剪多余的图形，效果如图15-14所示。

步骤 14 执行L（直线）命令，在命令行提示下，输入FROM（捕捉自）命令，按【Enter】键确认，捕捉右上方端点，依次输入（@ - 7，7）和（@5，5）并确认，创建直线，如图15-15所示。

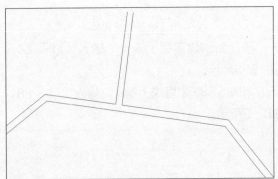

图 15-14 偏移并修剪图形

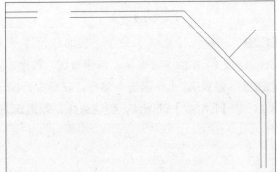

图 15-15 创建直线

步骤 15 执行OFFSET（偏移）命令，在命令行提示下，设置偏移距离为1，将新创建的直线向左进行偏移处理，并修剪多余的图形，效果如图15-16所示。

步骤 16 执行L（直线）命令，在命令行提示下，依次捕捉合适的点对象，在绘图区中创建3条长度为18的直线对象，效果如图15-17所示。

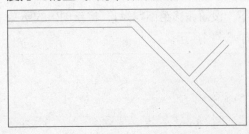

图 15-16 偏移并修剪图形效果

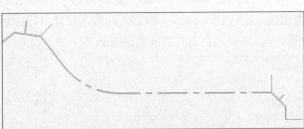

图 15-17 创建 3 条直线

步骤 17 执行MI（镜像）命令，在命令行提示下，选择右下方合适的图形为镜像图形，以右下方水平直线中点的极轴线为镜像线，进行镜像处理，效果如图15-18所示。

步骤18 重复执行MI（镜像）命令，在命令行提示下，分别选择绘图区中合适的图形为镜像对象，对其进行镜像处理，并删除新创建的直线，效果如图15-19所示。

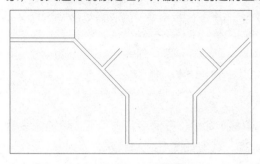

图 15-18 镜像图形

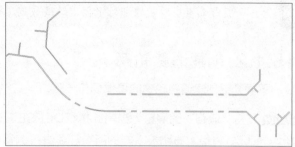

图 15-19 镜像图形

步骤19 执行A（圆弧）命令，在命令行提示下，捕捉上方第二条水平直线的左端点，然后依次输入（@-26，6）和（@-21.7，16.2），按【Enter】键确认，创建圆弧，如图15-20所示。

步骤20 执行OFFSET（偏移）命令，在命令行提示下，设置偏移距离为1，将新创建的圆弧向上进行偏移处理，并使用夹点拉伸两个圆弧的左端点，效果如图15-21所示。

图 15-20 创建圆弧

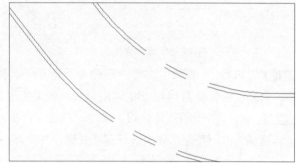

图 15-21 偏移并拉伸圆弧

步骤21 执行L（直线）命令，在命令行提示下，输入FROM（捕捉自）命令，捕捉右侧上方的左端点，依次输入（@15，0）、（@0，-20）和（@5，-5），创建两条直线，效果如图15-22所示。

步骤22 执行OFFSET（偏移）命令，在命令行提示下，设置偏移距离为1，将新创建的两条直线依次向右进行偏移处理，并对偏移后的直线进行圆角处理，效果如图15-23所示。

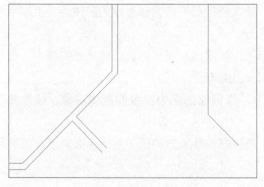

图 15-22 创建两条直线

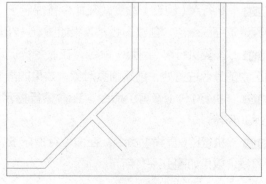

图 15-23 偏移并圆角直线

专家提醒

用地红线是国家拨给建筑用地单位的限定边界线，是待建建筑与周围构建物的明确划分，一般由城市规划管理部门根据道路边线确定，是待建建筑物测量、放线的依据。

15.1.2 创建道路轮廓

下面介绍创建道路轮廓的具体操作步骤。

步骤01 将"道路"图层置为当前。执行OFFSET（偏移）命令，在命令行提示下，设置偏移距离均为0.5，将最上方和最下方的所有红线进行偏移处理，效果如图15-24所示。

步骤02 选择偏移后的所有直线，单击"图层"右侧的下拉按钮，在弹出的列表框中，选择"道路"图层，并按【Esc】键退出，替换图层，并修剪图形，如图15-25所示。

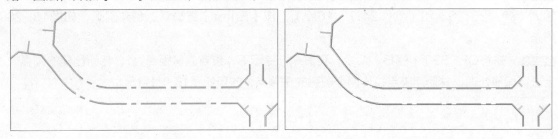

图 15-24 偏移直线　　　　　　　　图 15-25 转换图层并修剪图形

步骤03 执行L（直线）命令，在命令行提示下，捕捉最右侧的两条直线的端点，向右引导光标，分别创建长度为14和28的两条直线，效果如图15-26所示。

步骤04 执行OFFSET（偏移）命令，在命令行提示下，设置偏移距离为4，将最外侧的除转角倾斜直线外的所有图形依次进行偏移处理，并夹点拉伸偏移后的图形，如图15-27所示。

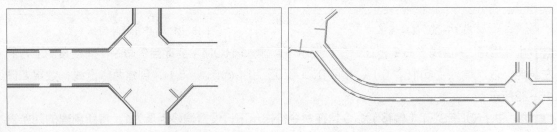

图 15-26 创建两条直线　　　　　　　图 15-27 偏移直线效果

步骤05 执行A（圆弧）命令，在命令行提示下，依次捕捉右下方偏移直线的左端点、上端点和相应建筑红线端点，创建圆弧，效果如图15-28所示。

步骤06 重复执行A（圆弧）命令，在命令行提示下，依次捕捉偏移后直线转角处的端点，在绘图区中的其他位置处，创建圆弧对象，效果如图15-29所示。

步骤07 执行TR（修剪）命令，在命令行提示下，修剪绘图区中多余的直线对象，效果如图15-30所示。

步骤08 执行L（直线）命令，在命令行提示下，连接右侧最上方和最下方的相应端点，创建两条直线，效果如图15-31所示。

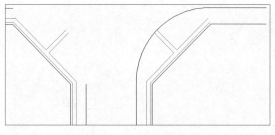

图 15-28 创建圆弧   图 15-29 创建其他圆弧

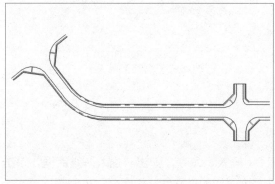

图 15-30 修剪多余直线

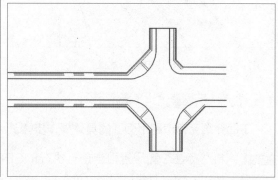

图 15-31 创建直线 1

步骤 09   执行L（直线）命令，在命令行提示下，输入FROM，捕捉左侧最上方图形的端点，输入（@ - 13，16）和（@ - 73，58）；重复进行操作，捕捉右侧下方图形的端点，输入（@ - 13，16）和（@ - 73，58），执行L（直线）命令，连接新绘制两条直线的端点，并删除原直线，效果如图15-32所示。

步骤 10   执行OFFSET（偏移）命令，在命令行提示下，依次设置偏移距离为9和6，将新创建的直线，依次向内进行偏移处理，效果如图15-33所示。

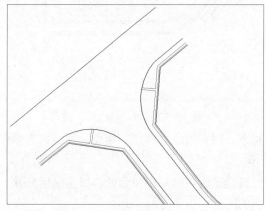

图 15-32 创建直线 2

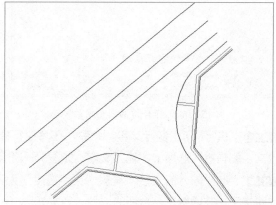

图 15-33 偏移直线效果

步骤 11   执行L（直线）命令，在命令行提示下，依次捕捉新创建的直线的上端点和上方相应端点，创建直线，效果如图15-34所示。

步骤 12   重复执行L（直线）命令，在命令行提示下，依次捕捉新创建的直线的下端点和下方相应端点，创建直线，如图15-35所示。

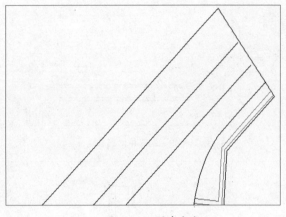

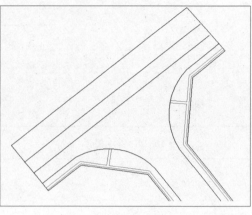

图 15-34 创建直线 3　　　　　　　　　　　图 15-35 创建直线 4

15.1.3 完善道路平面图

下面介绍完善道路平面图的具体操作步骤。

步骤 01　将"标注"图层置为当前；执行INSERT（插入）命令，弹出"插入"对话框，单击"浏览"按钮，弹出"选择图形文件"对话框，选择合适的图形文件，如图15-36所示。

步骤 02　单击"打开"按钮，返回到"插入"对话框，单击"确定"按钮，在绘图区中任意指定一点，插入图块，并将其移动合适的位置，如图15-37所示。

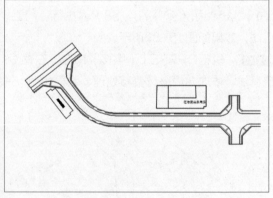

图 15-36 选择合适的图形文件　　　　　　　图 15-37 插入图块

步骤 03　执行MT（多行文字）命令，在命令行提示下，捕捉合适角点和对角点，弹出文本框和"文字编辑器"选项卡，输入文字，如图15-38所示。

步骤 04　选择输入的文字，设置"文字高度"为7，在绘图区中的空白位置处，单击鼠标左键，创建文字，并调整其至合适的位置，效果如图15-39所示。

步骤 05　执行L（直线）命令，在命令行提示下，捕捉文字下方合适的端点，向右引导光标，输入65，创建直线，如图15-40所示。

步骤 06　执行OFFSET（偏移）命令，在命令行提示下，设置偏移距离为3，将新创建的直线向下进行偏移处理，效果如图15-41所示。

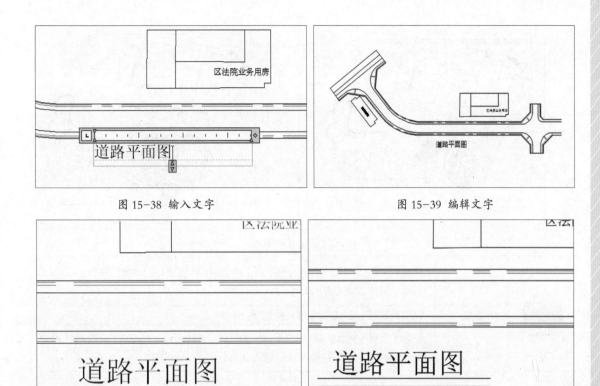

图 15-38 输入文字　　　　　　　　　　图 15-39 编辑文字

图 15-40 创建直线　　　　　　　　　　图 15-41 偏移直线效果

步骤 07　执行PL（多段线）命令，在命令行提示下，捕捉上方直线的左端点，输入W，按【Enter】键确认，输入1.5，如图15-42所示。

步骤 08　连续按两次【Enter】键确认，在上方直线的右端点上，单击鼠标左键，并按【Enter】键确认，创建多段线，效果如图15-43所示。

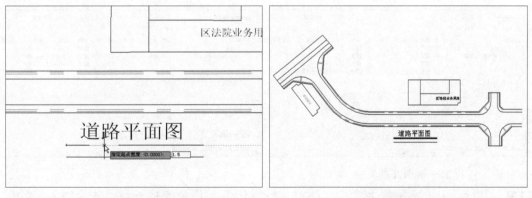

图 15-42 输入参数　　　　　　　　　　图 15-43 创建多段线

15.2 绘制园林规划图

本实例介绍园林规划图的绘制，效果如图 15-44 所示。

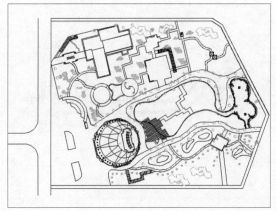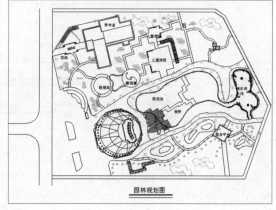

图 15-44 园林规划图

	素材文件	光盘\素材\第15章\园林图块（1）.dwg、园林图块（2）.dwg、园林图块（3）.dwg、园林图块（4）.dwg
	效果文件	光盘\效果\第15章\园林规划图.dwg
	视频文件	光盘\视频\第15章\15.2.1 创建园林轮廓.mp4、15.2.2 布置园林规划图.mp4、15.2.3 完善园林规划图.mp4

15.2.1 创建园林轮廓

下面介绍创建园林轮廓的具体操作步骤。

步骤 01 新建一个CAD文件，执行LA（图层）命令，弹出图层面板，新建"道路"图层、"标注"图层、"绿化"图层（绿色），如图15-45所示。

步骤 02 在"道路"图层上，单击鼠标右键，在弹出的快捷菜单中，选择"置为当前"选项，即可将"道路"图层置为当前图层，如图15-46所示。

图 15-45 创建图层 　　　　　　　　　　图 15-46 置为当前图层

步骤 03 执行PL（多段线）命令，在命令行提示下，任意捕捉一点，依次输入（@0，18236）、（@18257，0）、（@1115，-732）、（@5184，-9767）、（@-2896，-8017）和（@-21670，0），创建多段线，并分解图形，如图15-47所示。

步骤 04 执行OFFSET（偏移）命令，在命令行提示下，设置偏移距离均为311，将新创建的多段线除最左侧的垂直直线外的所有图形向内进行偏移处理，并对偏移后的直线进行修剪处理，效果如图15-48所示。

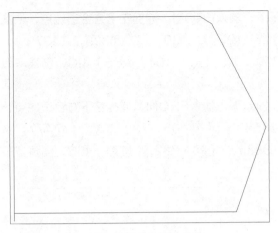

图 15-47 创建并分解多段线

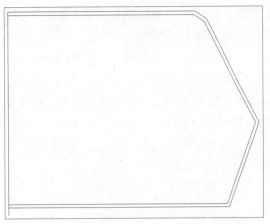

图 15-48 偏移并修剪图形

步骤 05 执行OFFSET（偏移）命令，在命令行提示下，依次设置偏移距离为1439、1502、2306，将左侧垂直直线向左进行偏移处理，效果如图15-49所示。

步骤 06 重复执行OFFSET（偏移）命令，在命令行提示下，依次设置偏移距离为3335、1499、1200、1499，将最下方水平直线向上进行偏移处理，效果如图15-50所示。

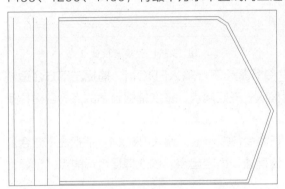

图 15-49 偏移直线效果 1

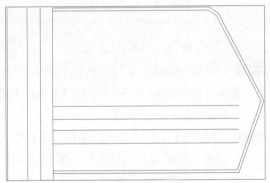

图 15-50 偏移直线效果 2

步骤 07 执行E（延伸）命令，延伸偏移后的水平直线；执行TRIM（修剪）命令，修剪绘图区中多余的直线；执行ERASE（删除）命令，删除绘图区中多余的直线，效果如图15-51所示。

步骤 08 执行FILLET（圆角）命令，在命令行提示下，设置圆角半径为1500，依次对修剪后的相应图形对象进行圆角处理，效果如图15-52所示。

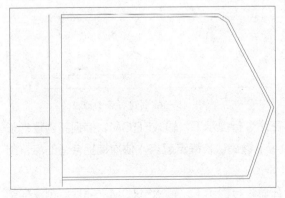

图 15-51 延伸并修剪直线

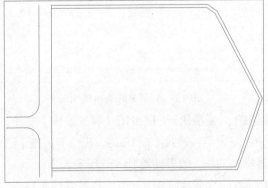

图 15-52 圆角图形对象

步骤 09 执行PL（多段线）命令，在命令行提示下，输入FROM，捕捉左下方合适端点，依次输入（@2741，1523）、（@-468，1844）、（@777，189）、（@338，-1375）、A、（@-146，-459）、（@-396，-274）、L、（@-104，-25）和C，创建多段线，效果如图15-53所示。

步骤 10 重复执行PL（多段线）命令，在命令行提示下，输入FROM，捕捉左下方合适端点，依次输入（@1840，4942）、（@-433，1853）、（@105，23）、A、（@477，-77）、（@333，-349）、L、（@300，-1383）、（@-782，-171）和C，创建多段线，如图15-54所示。

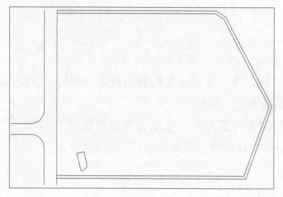
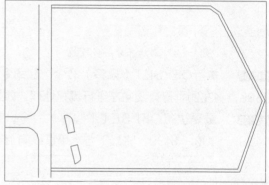

图 15-53 创建多段线 1　　　　　　　　图 15-54 创建多段线 2

步骤 11 执行SPLINE（样条曲线）命令，在命令行提示下，输入FROM，捕捉左下方合适端点，输入（@6628，1031），按【Enter】键确认，确定起点，依次捕捉合适的点，创建样条曲线，效果如图15-55所示。

步骤 12 重复执行SPLINE（样条曲线）命令，在命令行提示下，输入FROM，捕捉左下方合适端点，输入（@9500，4156），按【Enter】键确认，确定起点，依次捕捉合适的点，创建样条曲线，效果如图15-56所示。

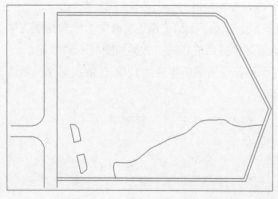
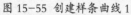
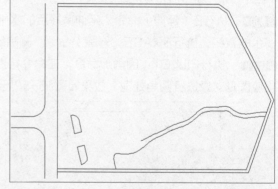

图 15-55 创建样条曲线 1　　　　　　　图 15-56 创建样条曲线 2

步骤 13 重复执行SPLINE（样条曲线）命令，在命令行提示下，输入FROM，捕捉新创建样条曲线左端点，输入（@1679，825），按【Enter】键确认，确定起点，依次捕捉合适的点，创建样条曲线，效果如图15-57所示。

步骤 14 重复执行SPLINE（样条曲线）命令，在命令行提示下，输入FROM，捕捉新创建样条曲线左端点，输入（@‐6242，2690），按【Enter】键确认，确定起点，依次捕捉合适的点，创建样条曲线，效果如图15-58所示。

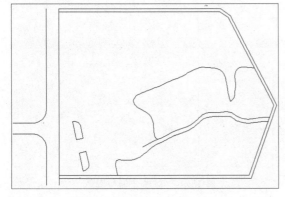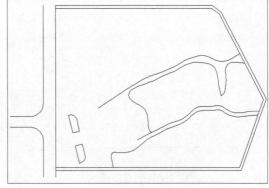

图 15-57 创建样条曲线 3　　　　　　　　　　图 15-58 创建样条曲线 4

步骤 15　执行L（直线）命令，在命令行提示下，输入FROM，捕捉新创建样条曲线左端点，依次输入（@‐505，143）和（@‐410，1210），创建直线，效果如图15-59所示。

步骤 16　执行A（圆弧）命令，在命令行提示下，捕捉最上方样条曲线的左端点为圆弧起点，输入（@‐295，‐77），捕捉新创建直线下端点为终点，创建一个圆弧，效果如图15-60所示。

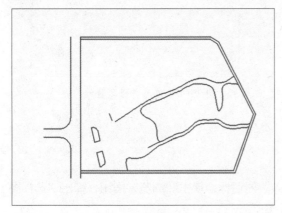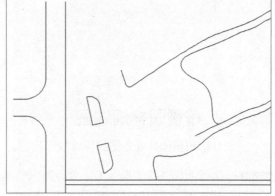

图 15-59 创建直线　　　　　　　　　　图 15-60 创建圆弧

步骤 17　执行PL（多段线）命令，在命令行提示下，输入FROM，捕捉新创建直线上端点，依次输入（@‐2727，1500）、（@‐322，‐129）、（@‐880，3742）、A、（@‐4，206）、（@76，182）、L、（@1785，2643）和（@3284，798），创建多段线，效果如图15-61所示。

步骤 18　执行A（圆弧）命令，在命令行提示下，捕捉新创建多段线的右下端点为圆弧起点，依次输入（@2221，‐404）和（@430，‐2216），创建圆弧；执行OFFSET（偏移）命令，依次设置偏移距离为304、400、347，将新创建圆弧向左偏移，效果如图15-62所示。

步骤 19　执行L（直线）命令，在命令行提示下，依次捕捉多段线右下角点、最小圆弧左端点以及圆弧的右端点，创建两条直线，效果如图15-63所示。

步骤 20　执行OFFSET（偏移）命令，在命令行提示下，设置偏移距离均为300，将新创建的两条直线依次向内偏移两次，并修剪多余的直线，效果如图15-64所示。

图 15-61 创建多段线

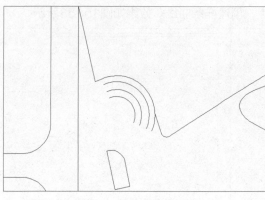

图 15-62 创建并偏移圆弧

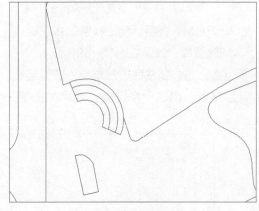

图 15-63 创建两条直线

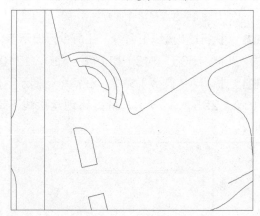

图 15-64 偏移并修剪直线

15.2.2 布置园林规划图

下面介绍布置园林规划图的具体操作步骤。

步骤 01 执行INSERT（插入）命令，弹出"插入"对话框，单击"浏览"按钮，弹出"选择图形文件"对话框，选择合适的图形文件，如图15-65所示。

步骤 02 单击"打开"按钮，返回到"插入"对话框，单击"确定"按钮，在绘图区中任意指定一点，插入图块，并将其移动合适的位置，如图15-66所示。

图 15-65 选择合适的图形文件

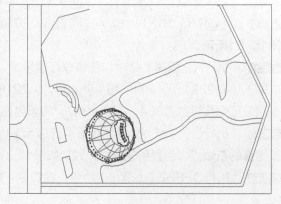

图 15-66 插入图块

步骤 03 重复执行INSERT（插入）命令，在绘图区中其他合适的位置，插入相应的图块，并调整其位置，效果如图15-67所示。

步骤 04 重复执行INSERT（插入）命令，在绘图区中其他合适的位置处，插入相应的图块，并调整其位置，效果如图15-68所示。

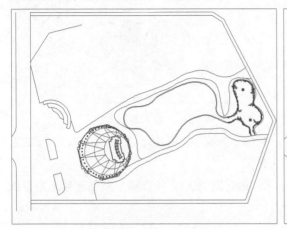

图 15-67 插入其他图块

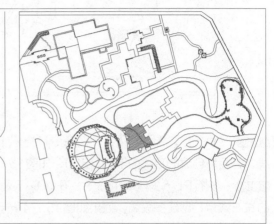

图 15-68 插入其他图块

步骤 05 将"绿化"图层置为当前；执行INSERT（插入）命令，弹出"插入"对话框，单击"浏览"按钮，弹出"选择图形文件"对话框，选择合适的图形文件，如图15-69所示。

步骤 06 单击"打开"按钮，返回到"插入"对话框，单击"确定"按钮，在绘图区中任意指定一点，插入图块，并将其移动合适的位置，效果如图15-70所示。

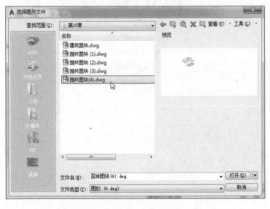

图 15-69 选择合适的图形文件

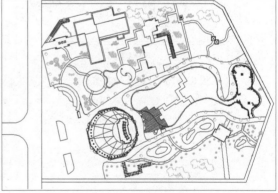

图 15-70 插入植物图块

15.2.3 完善园林规划图

下面介绍完善园林规划图的具体操作步骤。

步骤 01 将"标注"图层置为当前；执行MT（多行文字）命令，在命令行提示下，设置"文字高度"为300，在绘图区中下方的合适位置处，输入文字，并调整其位置，如图15-71所示。

步骤 02 重复执行MT（多行文字）命令，在命令行提示下，在绘图区中的其他合适位置处，创建相应的文字，并调整其位置，效果如图15-72所示。

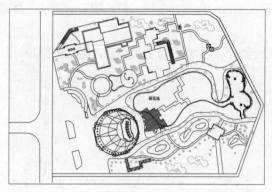

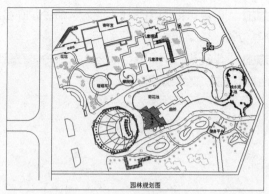

图 15-71 输入文字　　　　　　　　　图 15-72 输入其他文字

步骤 03　　执行L（直线）命令，在命令行提示下，在最下方文字的下方，创建长度为4797的直线，并将新创建的直线向下偏移300，如图15-73所示。

步骤 04　　执行PL（多段线）命令，在命令行提示下，指定宽为50，依次捕捉新创建最上方直线的左右端点，创建多段线，效果如图15-74所示。

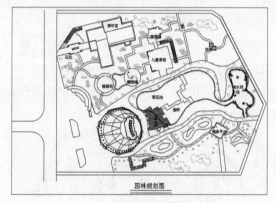

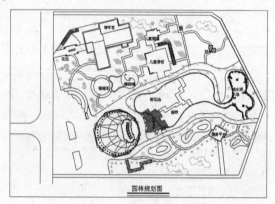

图 15-73 创建并偏移直线　　　　　　图 15-74 创建多段线